别让情绪
毁了你的努力

剑圣喵大师 著

EMOTION

文化发展出版社
Cultural Development Press

图书在版编目（CIP）数据

别让情绪毁了你的努力 / 剑圣喵大师著. —北京：文化发展出版社有限公司，2019.6

ISBN 978-7-5142-2669-0

Ⅰ. ①别… Ⅱ. ①剑… Ⅲ. ①情绪—自我控制—通俗读物 Ⅳ. ①B842.6-49

中国版本图书馆CIP数据核字（2019）第115639号

别让情绪毁了你的努力
著　　者：剑圣喵大师

责任编辑：司　璐
特约监制：魏　玲　潘　良　宋美艳
产品经理：周亚菲
出版发行：文化发展出版社有限公司（北京市翠微路2号　邮编：100036）
网　　址：www. wenhuafazhan.com
经　　销：各地新华书店
印　　刷：河北鹏润印刷有限公司

开　　本：880mm × 1230mm　1/32
字　　数：169千字
印　　张：8
印　　次：2019年7月第1版　2019年7月第1次印刷
定　　价：45.00元
I S B N：978-7-5142-2669-0

本书若有质量问题，请与图书销售中心联系调换。电话：010-82069336

CONTENTS

目　　录

PART 2

好好说话，高情商精英的必修课

PART 3

掌控情绪，才能掌控人生

PART 4

亲密关系，找到通往爱和幸福的桥梁

PART 5

学会拒绝，是人生精进的智慧

自序

30 岁以前的你，过的是什么样的生活？

| 01 |

17 岁，我上高三。一天，班主任走进教室，大家都看到她背后拿着我的周记本，同桌的女生笑嘻嘻地对我说：“渔，恭喜你啊，老班又要表扬你了。”

谁知班主任讲了会儿课就开始说：“当语文老师这么多年，我最讨厌两种人，一种是心思不在学习上的人，另一种是韩寒那样狂妄的人。我们班恰好有一个这样的人，可惜他没有韩寒的才华，却有韩寒的盛气凌人。”

我想起我在昨天的周记里引用了韩寒的名句：“在这个社会里，嚣张的人必定有自己的绝活，因为没绝活的人，嚣张一次基本上就挂了。”

班主任接着说：“渔，你有什么绝活？上来表演下给大家看看！”

我当时还不知道自己已经被班主任讨厌了，就在台上表演了一个游戏《三国战记》里张辽的飞踢，这是下课后练了好久的绝活。结果全班哄堂大笑，班主任趁机嘲讽道：“有些人啊，街上的电子游戏机打多了，脑子不正常了，还嚣张呢。”

我气极了，我讨厌老师当众侮辱我的偶像，我回敬她：“你有什么资格评价韩寒？”

班主任让我出去，我在教室门口哭了一节课。

自此，我遭受了全班的孤立。也许大家都以为全班成绩第一的同学应该很受老师喜爱才对，这话不尽然，像我这种怪胎就是个例外。

某天，历史老师从我身旁路过时，悄悄在我耳边说了一句话：“渔，你们班主任快调走了！”我还来不及反应，她就快步离开了。

两周后，班主任被调到其他学校去了，听说是得罪了人。

晚上睡觉前，某男生阴阳怪气地说：“老班被人挤走了，你们知道吗？有些人真是牛啊，背后花了多少钱也不知道，真是个小人！”我反驳了一句，他一拳就打过来，我随后和他扭打在一起。舍友立马来拉架，不过他们拉架是有选择性的，就是我被打时，他们是放手的，我刚想还手，他们就来拉。

第二天，新任班主任给我换了宿舍，她觉得我有机会成为韩寒那样的人。

高考结束公布分数那天，所有人都知道，我考了全校第一名，我亲眼见到有几个男生当着我的面把书砸在了地上。

| 02 |

18 岁，我上大一，正是春风得意的时候。那年我作为某活动的志愿者搀扶过一位老教师进场演讲，和蔼的老人笑嘻嘻地问我：“什么专业的？”

“心理学！”我告诉他。

我还告诉老人，我将来要成为弗洛伊德那样的心理大师。老人说他相信我，希望我再接再厉。

老人进场演讲时，说了自己的名字，我才知道，他就是学校里传说中的卢老，心理学大师皮亚杰的中国学生。

19 岁，也就是大二下学期那年，因为受到点儿在今天看来微不足道的挫折，我就自暴自弃，躲进了网络世界里。

那时，我在《魔兽世界》里活得一塌糊涂，至今都记得拉格纳罗斯的名言：“让烈焰吞噬一切”。

我学会了逃课、逃寝，跑到学校对面的网吧玩得昏天黑地，我丝毫感觉不到自己的颓废，因为我是全服务器最大的公会“失乐园”的会长，我靠倒卖游戏装备换金币，一天可以挣 80 块哦，刚好抵我的上网费和伙食费。

20 岁，我上大三。我已经有八门功课挂科，全班只有一个人还理我，那就是学习委员蓓竹。她虽然是系花，但我却给她起名老妖妇，因为她总是在我打着游戏的时候来电话。

有一次，游戏打得太沉迷，我的钱包被人偷了，无奈只好请蓓竹来网吧拯救我。

当我提出想还钱的时候，蓓竹说："明天有省首席心理专家赵教授的课，你去上一节，这钱就不用还了！"

这件事改变了我，蓓竹和赵老师用了一个小小的"阴谋"，把我从游戏里拯救了出来。

你问我当时为什么不追蓓竹，我觉得我这样的人，实在是配不上她吧！

21 岁，我上大四。有一次，我在马政经老师家门口蹲守了一天，就为了让她给我一个补考的机会。用她的话来说，我实在是太奇葩了，开卷考都不来。

我很惭愧，我想起那天好像正在开荒"克尔苏扎德"呢！

马政经老师让我给她一个理由，我把我的故事"吹"给她听了，她老公无比感动地说："这孩子浪子回头，你就帮他补个考吧！"

22 岁，我考上了赵老师的研究生。我跟着他走遍了云南的许多地方去演讲，他的讲座风格非常特别，我除了帮他拎包和做 PPT，还悄悄把他的技术在大脑里学得滚瓜烂熟。

某天导师告诉我，男人独当一面的象征就是："无论在街上看见什么馆子，价格都不用看，就可以直接带着人进去吃！”

“赵老师，我 30 岁就可以达到这个目标。”我赶忙表现自己。

“你还嫩着呢！”导师笑着打击我。

23 岁，我跟着导师做一项省级课题。某次，我跟随一群领导来到一个中学调研时，见到了高中被调走的那位班主任，她看见我也无比震惊。

她悄悄和我说：“渔，你飞黄腾达了嘛，你和教委的领导很熟吗？”

我连忙纠正她：“× 老师，这不是教委，这是教育厅的人，我是跟着导师来做课题的。”

她疑惑不解地问：“什么课题？就是写教材吗？能把我写进编委吗？老师老了，职称上不去很着急！”我一时间不知道该怎么回她。

24 岁，我在某中学实习，做心理教师，一个女生在周记中这么写：渔老师，他憨豆似的外表下，有着别人看不见的雄心壮志。第二天，我把她叫出来谈话，说不准给老师起外号叫憨豆。她像个小精灵似的笑了，我也被她逗得笑了起来。

25 岁，我进入大学工作，刚好省里第一次举行高校心理学教师教学比赛，我就报名参加了。也许大家的教法都太严谨了，而我已得导师的真传，把整场气氛调动得很好，成功夺得了第一名。

| 03 |

26 岁，我在云南边疆贫困地区支教，语文、数学、英语都教，但学生的学习积极性太差了，尤其是英语。

班上有个男生说：“老师，我汉语都才学会不久，我学英语干什么？难道放羊时，我对着羊说 go，go，go？我这一辈子就想留在乡里，这里有酸奶喝。”

我说：“你不要总想着在乡里，你将来还会去昆明，去北京，甚至去巴黎，英语很有用的！”

男生说出的一句话把我噎得半死，他说：“那么，老师，你怎么还从昆明来到我们这里了？”

27 岁，我在支教的地方写书。

29 岁，我在新书签售会上看到了很多读者，那一刹那我以为自己是歌星。一个长得很像林志玲的女生问我：“喵大师，如果你能见到十年前的自己，你会对那个自己说句什么话？”

告诉他五百万彩票中奖号码？

告诉他一定要追蓓竹？

告诉他一定要提醒人们在地震之前赶紧去避难？

我不知道答案，我陷入苦思中。

我隐约看到一个人，他灰头土脸，胡子很久没刮了，饱经风霜的脸上有一双眼神坚毅的眼睛，但眼神里充满了疲惫也充满了温柔。

“你是谁？”

“我就是十年后的你啊！”

“我才不想成为你这样呢！”

“那好啊，就看十年前的你，愿意牺牲多少来改变命运喽。”

我突然想到答案了，我告诉台下的读者，如果我见到十年前的自己，我会问他：“为了十年后的自己，你愿意牺牲多少？”

PART 1

认知格局，决定人生成败

谁说寒门难出贵子，
你是困在了认知的天花板里

| 01 |

《寒门难出贵子，是对奋斗者的公平》，这篇文章曾刷爆朋友圈。

作者提出了一个挑战大众日常认知的观点：寒门之所以难出贵子，很重要的原因是寒门的父母不努力奋斗、不上进。

作者在文中说，等到孩子没出息的时候，就开始抱怨阶层固化，却忘了别家孩子的父母在搏命的时候，你在钓鱼、打麻将、玩游戏。

而我想告诉大家另外一个事实，那就是：寒门想出贵子，光靠努力，有可能换回的只是笑话而已。

在纯体力劳动变得越来越廉价的今天，如果你的父母漫无目的地去努力，不仅不能给你足够的关爱，说不定他们自己还会落下一身病，给你今后的发展造成巨大的负担。

我们这一代的父母都十分节约，过年不敢买新衣服，放假不敢出

去旅游，甚至不敢下馆子，一分一分地把钱都存进银行，把自己一辈子的生活质量和购买力都存给了下一代。

当你刚刚工作两三年，在父母的帮衬下终于付了首付，买上了车或房子的时候，你得明白，父母能给你的，只不过是一个机会罢了。

这个机会是他们曾经没有把握住的。如果你没抓住这个机会，你最该抱怨的人，其实是自己。

但我也能理解，因为有时候，这个世界越来越难以让人读懂了。

秦博是一个学术达人，整天缩在实验室里，成果很丰富，每个月都往家里寄钱。他最看不起自己的某个同事，刚工作就逼着父母买房，简直不孝。

可是三年后，同事的房子涨了 80 万元时，秦博蒙了。当同事把全家搬到城里来住时，他发现他才是不孝。

当你强打精神开会、努力工作，却被领导批得一无是处时，你的“95 后”小学妹，却开始了她的自媒体之路，公众号内容十分荒诞。

你一直不明白，她每天写的内容到底意义何在。某天，当你知道她年收入百万，早已辞职在家全职写作时，你的精神崩溃了。

生活中，你就是这么被别人碾压的，你觉得自己更聪明、更努力，但为什么没有蠢货有钱呢？思来想去，你开始怀疑自己才是蠢货。

为了消除这种怀疑，你也许还会开始抱怨上天的不公，抱怨父母的不努力，或者开始批判成功者的不道德，等等。

但你是否可以换个认知方式好好想想，这些人是怎么把握住机会的？

你有没有想过，其实在几十年前，你身边的一些蛛丝马迹，早已预言了房价的泡沫经济？

你有没有想过，当代人恋爱困难，结婚更是遥遥无期，“95后”小女生写的文章，到底在提供一种什么样的情绪价值？

那么，你再想一个问题，在这样的时代背景下，当代人会有什么新的特殊需求，我们又可以做点什么呢？

“君子有所为，有所不为”，我们该认真思考下，要怎样以自己的方式，搭上时代的列车，改变自己的命运。

| 02 |

老白是我的大学同学，家里非常贫困，他一向勤勉节俭。大学毕业，他靠着优异的成绩和良好的人际关系，留在省内一所高校任职。

要知道，这种单位一般都要求硕士以上学位。然而老白工作了八年，却依旧在原地踏步。

几天前见到老白时，我简直不敢相信，他怎么活成了这个样子。

当年风靡全校的少年，如今，头发已经秃成了地中海，啤酒肚也挺了起来，厚重的方框黑眼镜下，是一个长满了黑头的鹰钩鼻。虽然和我同岁，但和我站在一起，简直像差了辈分一般。

老白在他们单位有个外号叫“老棺材”，寓意又想升官又想发财，但却“只进不出。”

曾经有个领导想提拔老白，让老白下乡挂职锻炼。没想到挂职了一个月，老白突然潜回来，挑明了询问领导，自己挂职结束后，能否得到提拔？

领导为了给自己留有余地，没有给他明确的答复。谁知老白回去后突然患了高血压，逼迫学校重新派人。这可把领导气坏了，没过多久，领导以他“身体不好”为由，将他调离了原部门。

接着，省里举办心理教学比赛。作为首届第一名，老白向我请教。就十分钟的课，我基本帮老白想好了内容，他照着我讲的唱下卡拉OK就OK。结果，报名截止的前一天，老白又不愿意去了。

老白告诉我，他害怕自己讲砸，算了。最主要的是，他想留在学校监考和值班，一天两百块呢！我简直要被气晕了，但我明白了他长久以来难以进步的原因。

他结婚生子后，害怕失败丢面子，不敢舍弃已有的安稳，惧怕与新事物共存的潜在风险……诸如此类的种种约束，让他不敢越雷池半步。

在这个时代，光靠努力是不行的。如果努力没有遇上机遇，那再多的努力都可能只是廉价的努力。廉价的努力只能保证你吃饱，却不能保证你过好。如果想把机遇和努力结合，就需要智慧了。

而寒门出身的人，因为自身资源的薄弱，他可能会更聚焦于一些平稳的上升方式。一种从小就被灌输的“防骗意识”，根深蒂固，阻止了他对新事物进行学习。

贫穷的世界，常常是一片失去机遇的土地。那里的人们往往会怀疑各种机遇、怀疑其生活中必将产生的各种变化。

| 03 |

阿比吉特·班纳吉在《贫穷的本质》一书中提出了穷人的三种思维局限。

（1）穷人缺乏有效的避险工具。

（2）穷人不做远期规划。

（3）穷人对超出认知的东西充满执拗和偏见。

作者认为，导致这样的思维局限，是有原因的。

（1）人们缺乏有效的信息来源，祖辈留下的一些观念会阻止人们接受新事物。

（2）人们背负着巨大的压力，这些压力会逼着他们做出一些“正确”的选择（比如结婚生子），然而这些选择会极大消耗他们的精力，剥夺其成长的空间。

书中有一句话很让人绝望：他们懒惰而上进、高尚而鬼祟、愤怒而顺从、无助而自强。他们缺乏信息导致无法做出正确决策，朝不保夕，因而放弃投资，及时行乐，出身卑微只能自怨自艾、自生自灭，一辈子逃离不出“贫穷陷阱”。

太忙和太穷，把人一步步变傻，然后更忙更穷。

因此，作为一群“没有资本的资本家”，我们就必须把我们仅有的最大资本——时间和才智，放到更有价值的地方。

寒门再难出贵子，不怪门，怪子。

哪怕命运的魔掌再一手遮天，也总能有漏网之鱼。你要学会的不仅仅是十年如一日地低头耕耘，还要时常抬头看看天，看风云变幻，四季更替。

然后，再听听周围有没有抱怨的声音，如果有，也许你的机会就来了。

有了抱怨就有了需求，有了需求就有了机会。因此你还得学会，不要总是先抱怨，那会让别人先发财。

比过去的自己优秀，才是真正的优秀

| 01 |

前段时间，一篇题为《摩拜创始人套现 15 亿：你的同龄人，正在抛弃你》的文章在朋友圈刷屏了。

该文讲到摩拜单车被美团收购的事，其创始人胡玮炜，不过仅仅三年，便把企业做成了当红的创业公司，这次收购，她可能从中套现 15 亿元。

几天前大润发被收购，一篇题为《时代抛弃你，不会打招呼》的文章又一次刷屏。

短短一个月时间，我们就已经被抛弃两次。

如果列举上下五千年的历史，我们的自信心会被碾压得渣都不剩。尤其是这些作者一篇文章的阅读量顶我一个月的，我不得不感叹，人和人之间的差距咋就这么大。

当然，葫芦娃出生就会打妖怪；哈利·波特 1 岁就能弹死伏地魔；

鸣人一出生就带着九尾查克拉，站在人柱力的顶端。

如此说来，我们的同龄人岂止是抛弃了我们，人家的起跑线，也许是我们一辈子都达不到的终点。

这些少年的存在，简直就像一道光闪瞎了我们的眼睛，难道我们只想回去重新投胎？

但仔细一想，我们也不用那么自卑啊，我立即查阅了历史文献，发现了许多让我们备感欣慰的历史。

黄忠六十才跟刘备走。

德川家康七十打天下。

姜子牙八十为丞相。

佘太君百岁挂帅。

孙悟空五百岁还西天取经。

白素贞一千多岁下山谈恋爱。

……

看到这些例子，我刚才的焦虑感瞬间就没有了。心想，既然我已经比不上套现 15 亿的摩拜创始人，那我还不如打打游戏，发发呆，悠闲地度过一天。兴许等我到了 70 岁，还会有周文王请我下山平定天下，不是吗？

年轻人的时间就是这样浪费的。

当大学老师这么多年，我一直强烈抵制成功学大师进校演讲，为此我和某些教授发生过激烈冲突。每当成功学大师进校煽动，许多学生当即热泪盈眶。发誓一个晚上要看五个小时的单词，每天要读两本书，每天早上要跑五公里。

而实际上呢，一个发誓要看五个小时书的学生，通常只会看一个小时。开始半个小时在看书，接着一个小时在发呆。又用一个小时批评自己为什么发呆，内心大喊：“难道你不是要改变命运的吗？”接着用一个小时给自己打鸡血，再用一个小时强迫自己集中注意力，最后也只是再看半个小时就看不下去了。

这样的努力毫无意义，坚持一段时间后，学生会因为毫无成效而自信心受挫，再也难以振奋起来。

学生真正要学会的，不是打鸡血，更不是什么一骑绝尘地往前冲。学生要学会利用学校资源，想办法让自己加入项目，加入课题组，加入校级的比赛团队，加入知名老师的副业中，让这些成为自己的宝贵财富，为自己的求职加码。

可惜他们不懂，他们更相信自己可以在某一瞬间力量爆发，把同龄人远远地甩在后面。

生活不需要鸡血，生活本身就是一种永恒沉重的努力，努力使自己在自我之中，努力不迷失方向，努力在原位中坚定存在。

人不需要放得下，但一定要学会看得开。看得太重，就会在乎。太过在乎，就有压力。压力太大，心会沉重。心若沉重，就会无限焦虑。而无限焦虑，就会破绽百出，就会智慧停摆，就会在小小的失败后一蹶不振。

| 02 |

两年前，我刚开始写作时，曾经花钱报名参加了一个写作营。

写作营只有两件事要做：

（1）每人每天必须写一篇两千字以上的文章。

（2）听各路自媒体“大神”、签约作者、写作经济人吹牛。他们如何凭借一篇文章就吸粉上万，如何把一条广告卖 10 万元。

很快，我就退出了这个写作营，因为我实在没办法每天写一篇文章，用他们的话说，这叫日更。不仅有日更，还有日两更、日三更，里面的人相互攀比谁能写得更多。

写作营的领袖，是一个每篇文章都超过十万字的“大神”，曾多次吹嘘他在三个月涨粉上百万。他断言，我这种没毅力的人，会被写作圈抛弃。

一年过去了，写作营里，我当年认识的一百多个作者全部在公众号圈“阵亡”了。

两年过去了，我打开领袖“大神”的公众号，阅读量已经远没有我高了，每一篇文章下面的评论寥寥无几。

有广告商告诉我，这位“大神”的公众号不真实，阅读量虚高。

这位“大神”一年前就不写文章了，把文章交给请来的写手。按篇拿钱的写手，哪里还会考虑文章的质量。结果公众号不断被曝出洗稿、三观不正等负面新闻，关注人数锐减。

在一次自媒体大会上，我再次见到了他，他满怀惭愧地对我说：

“日更不仅掏空了我的知识，更掏空了我的精神。”

我告诉他，我之所以退出写作营，不是因为我知道日更会榨干自己。而是我发现，我不行。

我强迫自己试过，但结果不仅文章质量差，我还需要消耗更多的时间和精力才能恢复自己的思考能力。

因为我不行，所以我只能按照我的节奏走。我没想过，我最终能超越他们。在当时的我看来，他们是否能成为大佬，和我无关。我的任务不是抛弃他们，也不是不被他们抛弃。我的任务是，让我和我最重要的人，日子过得好一点。

严重的焦虑化，严重的过度产出，必然会大量磨损你的精神。很多人在这样的磨损中成了炮灰，努力成了终生平庸岁月里的昙花一现。

当代人真的很缺乏接纳不完美自己的能力，我们有时真的很蠢，喜欢到别人的世界里沉浮，开启一些莫名的战争和自我强迫。

总想通过努力让别人高攀不起，但其实如果我足够强大，你理不理我，都难在我心中泛起一点涟漪。

你不需要优秀，但一定要内心强大。

| 03 |

小时候，你的妈妈告诉你，小明的妈妈整天打麻将，小明的成绩照样比你好。

长大后，公众号又和你说，你看看你的同龄人已经走上了人生巅峰，成为 CEO。

你的妈妈不知道，小明的妈妈除了打麻将，还每天接送孩子上学，每晚给孩子熬稀饭，陪着孩子一起去看电影。

阅读量上百万的爆文作者不会告诉你，年轻人的股份，大多都是替大佬代持的。

摩拜创始人胡玮炜意味深长地对吴晓波说过："资本是助推你的，但是最后，其实你都得还回去。"

也许当胡玮炜看到这篇爆文时，她只会莞尔一笑，感叹作者文字煽动情绪能力之强，却对金融和创业的残酷一无所知。

如果不是美团接了盘，也许她会成为第二个贾跃亭。

不是你的同龄人在抛弃你，而是你的同龄人坐在大佬的车上，从天窗探出头来向你招手。

他的笑中带着一丝自信，也带着一丝苦涩，但这时有个人突然过来告诉你："看啊，你被他抛弃了！"你只能气得在地上跺脚。

请远离这样的人，因为他除了带来焦虑，使你一叶障目不见泰山，给不了你解决问题的方法。

所谓强大，是任何事物都无法破坏你内心的平和，你需要接受目前这个不完美的自己，按自己的节奏缓步前进。

心理学上有著名的耶克斯—多德森定律，对于焦虑水平对工作效率的影响，它有着经典的描述。

动机不足或过分强烈，都会使工作效率下降。研究还发现，动机的最佳水平随任务性质的不同而不同。

在比较容易的任务中，工作效率随动机的提高而上升；随着任务难度的增加，动机的最佳水平有逐渐下降的趋势。也就是说，在难度较大的任务中，较低的动机水平反而有利于任务的完成。

改变命运这件事，是一件难度极大的任务，所以我建议你把动机水平放低一点。与其了解谁谁又套现了几十亿，放纵你的情绪在脑海里翻腾，浪费宝贵的时间进行自我批评，不如关注一个不是那么容易对付，却又和你息息相关的人。

那就是过去的你。

比别人优秀不算优秀，比过去的自己优秀才是真正的优秀。

成功者的本质是什么？

| 01 |

在我的心理课上，有一项非常独特的期中作业，我把它坚持了六年。

这项心理作业完成得最好的人，都已经在各企业里小有成就，未来说不定可以大展宏图。但我渐渐发现，这项作业的质量一届比一届差，而且越来越多的人没办法完成。

这项作业就是：学生以十二人为一组，用手机拍摄一段小短片，时间在五到十分钟，反映大学生的心理变化。

每年省里都要组织心理剧大赛和心理微电影大赛，我这样做也是为了选拔人才参加比赛，但更重要的，我是为了告诉学生一个浅显的道理：很多事情，看起来很高大上，实际做起来并不难！

李敖的一句话，在我年轻时就深得我心。大意是说，人生第一快乐是做到自己认为自己做不到的事；人生第二快乐是做到别人认为自己做不到的事。可以说，我今天过得还不错，很大程度上得益于我对这句话的深入理解。

出身寒门的我们，从小到大都经历了父母的不断“泼冷水”，经历了“隔壁家孩子”的打击，有一个观念其实早早地就被植入到我们心中，那就是“我不行”。

心理学研究表明，自我设限极大影响了一个人在社会上的地位。

“自我设限”就是在自己的心里默认了一个“高度”，这个“心理高度”常常暗示自己：这么多困难，我不可能做到的，也无法做到，成功的机会几乎是零。“心理高度”是人无法取得成就的重要原因之一。它是一块巨石、顽石，在人生及事业成长道路上，阻碍着人们前进。

自我设限也不是完全没有好处，它可以避免你把所有的资源投入到一场不可能赢的战争里。

自我设限，是为了保护你的自我不被外界完全击垮。但大脑是懒惰的，它很难同时思考两件截然相反的事情，它会让你产生一个否定性错觉，即“我不是那块料”，用以继续逃避现实。

李敖还有一句话说的就是这件事：前进的理由只要一个，后退的理由却要一百个。许多人都是找一百个理由证明他不是懦夫，却从不用一个理由证明他是勇士。

李敖是个不断打破自我设限的人，但他没有意识到，人这么做并不是因为自己是懦夫，而是因为大脑中有一台“超级否定计算机”在运转。

在任何事情之前，大脑都会先输入“做不到”这个概念，还没有开始做，它就会想象这件事的灾难性后果（被同学嘲笑、被父母批评……）。

带着这种心态，这件事的完成度肯定是很低的，最后就真可能发生大脑之前担心的灾难性后果，于是大脑又会对你说：“看吧，我说的没错吧！”进一步强化这种消极记忆。

但进入大学乃至进入社会，随着评价机制多元化，社会竞争残酷化，你就需要学会解除自我设限。

想要做到这件事，在欧美电影里，你得目睹身边重要的人离开；在日本动漫里，你得在强大的敌人面前濒临死亡；在印度电影里，你需要学会跳一支舞；而在中国宫斗剧里，你需要经历闺密背叛、绿茶婊挖眼、丈夫出轨等折磨。

其实解除自我设限没这么难，没必要付出这么大的代价。只需要从小事做起，然后有一个能对你的成果进行积极关注的评价者。我的心理作业就是为了达到这个目的，学生拍出来的小视频，肯定比他们心中的电影要差很多。但只要在课堂上播放，由于更加接地气，会引来一阵阵笑声和掌声。而我只需要对里面的闪光点进行放大化表扬，表现出一种对学生成果高于预期的惊讶，就能增强学生的自我效能感，鼓励他们不断尝试。

日本神经心理学家西田文郎把这一技巧称为“错觉的法则”，它的核心在于识破大脑的偷懒诡计，摧毁大脑中的“否定计算机”。即我们需要通过一些小事，让学生认识到“这些都是错误”，让大脑意识到

“灾难性后果”根本就不会发生。用大脑习惯的方式制造出“肯定性错觉”，鞭策个体为改变自己的命运付出努力。

人最大的痛苦就在于，有着很强的欲望，却没有与欲望相匹配的自律和自信去完成目标。

西田文郎认为，所谓自信和自律都是需要欺骗大脑的，经过他对大脑四十五年的研究，他认为大脑认为正确的事情，其实 99% 都是错误的。

成功会垂青欺骗大脑的人，而失败会造访被大脑欺骗的人。

| 02 |

有一招，我经常用来欺骗大脑，那就是：“我别无选择！”

我发现大脑有这样一个习惯，一般大脑会根据本能先做决定，然后它会开始搜索相关证据去支持这个决定，同时会忽略相反决定的依据。

当我出于本能不想做一件事情时，我会第一时间想到“我时间不够”“我能力不足”“条件不成熟”“风险太大”等理由。如果有人告诉我做这件事“能赚很多钱”，我硬着头皮去做，心中就会产生这样的想法：“虽然本能告诉我不要去做这件事，但这件事很赚钱，我姑且一试吧！”

在这样的想法下做事，结果往往不尽如人意，因为这样的想法会在潜意识中限制你的投入，故此，也就限制你的智慧。

所以我换了一种本能，那就是“我不得不做”！

当平台邀请我在网上讲课时，我在第一时间也会感到危险，万一讲不好被千万人唾骂怎么办？但此时“我别无选择”这五个字也同时出现了。

我脑海中立即浮现出了那一幕，当我花了几个月写出来的论文即将获得第一名时，某位教授悄悄跑了上去，和评委们协商了一下，最终把我的名次改成了第二名，把另外一个他看好的人作为第一名推荐给了省里。

是不是觉得自己窝囊？是不是觉得生气？是不是觉得自己面前挡着一座大山，永远无法翻过去？

教授给的理由很简单：你的研究没有他的有价值，你只不过是依靠口才欺骗了评委。

那一刻我必须明白，想跳出这个死循环，就必须到更大、更广、更新的天地里去战斗。

所以我“别无选择”。

其实理性地说，我怎么可能没选择。

身边多少人选择了放弃，选择了妥协，选择了拿着死工资的稳定。反正又饿不死人，慢慢熬着吧。

其实再理性地说，混着也没我说的那么惨，也是可以追求家庭幸福的嘛，把精力用来教育孩子，这也没啥失败的。

但我对自己的暗示太强了。为了帮助我导向成功的一面，我的大脑已经成功地被我“欺骗”了，它无比地相信，如果此时后退，那将是死路一条。

不过嘛，我之所以对这样的“错觉”放任不管，是因为这个错觉此刻是能帮助我成长的，如果有一天这个错觉已经不适合我，我相信自己有能力把它纠正过来。

和自己的大脑斗智斗勇，是我一辈子的乐趣。

| 03 |

可惜的是，我不能再把我的心理作业坚持下去了，因为那些早早就断定自己完不成作业的人，为了避免挂科或者被我批评，学会去教务处告状了。他们的理由是，他们不是电影专业的学生，不可能完成这种作业。

我告诉领导，类似抖音、快手一类的短视频已经火遍全网，这个作业真心不难，不是电影专业的学生也能完成。领导告诉我，多一事不如少一事，当老师要学会“佛系”一点儿。

我又想起李敖的一句话：只有性格上大智大勇又光风霁月的人，才能自己同自己作战。随着李敖的离开，我想能同自己作战的人，恐怕会越来越少吧！

成功的人生一开始是观众，接着是演员，最后是后台老板。

自我设限的人，最喜欢的便是当观众，因为当观众是最“舒适”

的，演员要付出辛劳，而老板要担当风险。

如果布置作业给观众，那就是大大的不敬。我只想坐在沙发上吃着爆米花看你表演，你给我添什么麻烦啊！

我也曾常年当观众。突然有一天我发现，在生活这场戏里，当观众是最危险的。因为不上台的人，最终会被生活逼着加戏，这样的戏多半是原谅他人，被对方伤害，被对方背叛，为某人付出。这样的戏不仅很难退场，而且连盒饭都拿不到。

所以，人生这场戏，必须得亲自编剧，亲自扮演。毕竟李敖还有句话，停在苍蝇拍上的苍蝇，才是最安全的。

一个人是否成熟，看他被欺负时的样子

| 01 |

有一款女生热爱的手游叫《恋与制作人》，里面有一位 26 岁就是博导加教授的许墨博士，让无数少女为之尖叫，疯狂氪金。

可我的好友石博士，快 30 岁了，还在读着博士后。

据说有一天他去相亲，对方问他："30 岁了，有多少存款？"石博士悄悄地结账离席了，要知道，这个问题，对他是一种精神暴击。

为什么呢？

石博士特别能吃苦耐劳，但是却一直被压榨，没有拿到过应得的报酬。

很长一段时间，石博士感觉自己抑郁了，.多次去心理科求诊。但他依旧天天保持现状，没有做出任何改变。在我看来，这叫"习得性无助"。

美国心理学家塞利格曼用狗做了一项经典实验。起初他把狗关在笼子里，只要蜂音器一响，就给以电击，狗被关在笼子里逃避不了电击。

多次实验后，蜂音器一响，在给电击前，先把笼门打开，此时狗不但不逃，还会在电击开始之前就呻吟和颤抖。本可以逃跑，却绝望地等待痛苦来临，这就是习得性无助。

当石博士和我说了他的遭遇后，本来他以为我会像其他朋友一样，安慰一下他，然后祝愿他明年被导师放走。

可我不愿意这样，我让他不要勉强自己继续为导师卖命了，也不要隐瞒病情了，就整个人垮掉吧！石博士不解。

我解释道："如果你以前拼命证明自己优秀，却没法让你毕业的话，不妨试试证明自己是个废人！"

这叫"反生产行为"，当权力者利用欺负行为作为控制手段，试图混淆利益分配和晋升政策时，"反生产行为"能有效威胁权力者的心理自信。

其实石博士逃跑的大门，是开着的，因为他罢工就等于小组罢工了。

没过几天，石博士就因为抑郁症住院了，理由是 30 岁去相亲的时候被人问到存款，结果精神崩溃了，我让他把这个故事戏剧化地讲给了几个八卦人士。

这件事被当成段子传遍了整个学院，学院领导开玩笑似的问他的导师："你对学生是不是太严厉了？"一位同情他的导师甚至愿意把他调到自己的组里去。

石博士住院期间，导师的很多工作瘫痪了。这时，导师终于知道，自己是留不住这个人了。第二年，石博士顺利拿到一所“211 大学”的教职。

情绪不成熟的人，他在被欺负时，脑海中总是思考一个问题：“他为什么这么对我？”

石博士是可以通过不断抗争摆脱他的导师的，只是他被困在了一个认知陷阱里，即“我并没有做错什么，他不应该这么对待我啊”！

实际上，一个人对另外一个人发出恶意攻击，纯粹是因为自私，有时甚至不需要理由。在错误的认知下，人们在恶意面前，会顾影自怜，内心不断声讨对方，仿佛对方有可能突然良心发现，从而撤回恶意攻击。

这会产生强大的情绪负荷，浪费宝贵的时间，还会让一个人沉浸在痛苦的虚无哲学里，进而享受痛苦。甚至让一个人把心思都用在“如何讨好伤害者”上，彻底忘记其实有人悄悄爱着他。

有时候，逃跑比留在原地受折磨，更需要勇气。

羚羊如果能跑得过狮子，就能生存；如果跑得慢，抱怨狮子残暴却没有任何作用，只能沦为狮子的口中餐。

| 02 |

欺负人不算本事，但学会战术性的“被欺负”，绝对是一种天大的本事。

《棋经十三篇》说："古之善理者不师，善师者不陈，善陈者不战，善战者不败，善败者不亡。"

善败者不亡，是一个人战术的最高境界，它的意思是，面对强大的力量时，不要拒绝失败，你得学会失败时，不被打得丢盔弃甲；被人欺负时，不被打得遍体鳞伤。

诸葛亮为"善败者不亡"增加了新的解释，他认为，遇上失败，要抛弃自己的自尊心，利用现有条件反击或者向敌人的敌人求助。

实际上，真正把这个战术用到极致的，是诸葛亮一生的敌人——司马懿。

司马懿说过，一心只想着赢的人，就真的能赢到最后吗？打仗先要学的是善败，败而不耻，败而不伤，才能真的笑到最后。

司马懿知道自己在战术上无法和诸葛亮相抗衡，于是他选择消极避战，这使诸葛亮每次都能在局部地区小胜，但是诸葛亮七次北伐却没有办法赢得主导战局的军事成果，最终病死在五丈原，蜀国也耗尽国力。

诸葛亮曾经在打败曹真后，写信羞辱他，曹真直接被气死。而当诸葛亮因为司马懿避战，派人送去女装羞辱司马懿时，司马懿却淡定地穿上，更在渭水边吟诵起了《出师表》。

这一神补刀反而伤到了诸葛亮，让诸葛亮想起自己的雄心壮志，想起刘备的恩情。想到自己根本伤不了他，诸葛亮顿时情绪崩溃。

这就是善败的力量。

| 03 |

教育界有一个难题：孩子被欺负时，要不要教他打回去？

打回去吧，会让孩子变得暴力，说不定孩子还会受更多的伤害。亲自去威胁对方吧，有那么点不体面，还会激化矛盾。不打回去吧，孩子内心非常委屈。

我们不妨教育孩子“善败”，让孩子思考我们可以用什么样的战术避免自己与力量强大的敌人正面对抗，并且在这个过程中，减弱对方的实力，减少自己的损伤。

心理学家李松蔚讲过他的一个育儿故事。

他不到五岁的女儿被朋友在手上涂鸦，起初他教育女儿要学会严厉地对朋友说“不行”。后来他发现严厉拒绝别人是不行的，这是成人的生活逻辑，而小孩子的世界是一个野蛮生长的无序世界（对于这方面内容，可以参看一本叫《小牲口》的书）。

但女儿自己想出了解决方法，她对朋友说：“你画吧，画在我手上洗不掉的，画了以后我们就再也不是朋友了！”

接着，女儿又补充了一点，她告诉朋友：“我家里有能洗掉的水彩笔，我们用那个好不好？”

他女儿不到五岁就明白了“善败”的道理。

面对轻微欺负她的朋友，她打定了“绝交”的主意来隔绝伤害，同时又提出了减轻伤害的办法——“洗得掉的水彩笔”。

别说是在小孩子的世界里，在成年人的世界里也有着太多的无序，你说声“住手”，对方就会罢手的现象不一定有，至于“你再这样我就生气了”这样的话，从来都是句废话。

本来在这个世界上，会伤害你的一般都不是文明人，大多数是野蛮人。

你得学会防，必要的时候还得学会藏，这没有什么可耻的，所谓“让对方知道分寸”的技巧，不一定管用。保存实力，伺机而动，才是弱者战胜强者的不二法门。

比起“如何回怼讨厌的亲戚”“如何有修养地表达愤怒”，也许这样的技巧让大家觉得软弱，让大家觉得不爽。但你要知道，如果有人欺负你，你当场发怒或者使用语言技巧回怼，那说明，这个问题在当时的情景下，你可以利用情绪或者现有条件打败对方。如果你无法打败对方，特别是在你的核心利益被侵犯时，你选择默不出声，甚至还满脸堆笑。那么这个欺负你的人，一定会在将来付出惨重代价。

你在内心已经判定他不会放过你时，愤怒是没用的，愤怒情绪的作用只是警告对方要有分寸感。如果对方并不打算收手，那它就是无用情绪，不要让它占据你的大脑。你的大脑要留出足够的空间，寻找对方的弱点，寻找你的盟友。

要知道，你见到他就绕道走，不是因为你害怕他，而是因为此时的你，尚不具力量打击他。你惦记着他，但你不想他惦记着你。

你希望他忘了你，去撕咬他的其他敌人，把他的后背露出来。

被欺负不是一件礼物，但韬光养晦后的反击，就是一件大大的礼物。

胜败这件事，从来都没有光荣和耻辱，只有夺走与失去。

“二战”时，英勇的指挥官去完成最艰难的任务前，都会对士兵们如此训话：“这次任务只有两种结果：牺牲或者更多的牺牲！所以你们有三条选择：一、活下去；二、坚持活下去；三、活下去，藏起来，然后伺机消灭对方。”

我想，这就是最成熟的人，在面对真正的欺负时，最该有的情商。

层次越低的人，越是害怕得罪人

| 01 |

我在网上看到的一篇爆文，让我明白了一件事——为什么好人总是被欺负。

爆文用排比的方式，列举了六种不能得罪的人。

一是闲人，因为他有大把时间对付你。

二是穷人，因为光脚的不怕穿鞋的。

三是有钱人，因为他们可以用钱把你砸死。

四是爱在背后说人坏话的人，因为他们搬弄是非的能力很强。

五是小人，因为你永远不知道他们会耍什么手段。

六是善于讨好别人的人，因为他指不定就有什么靠山。

我看完后内心惊呼：完蛋了！上面列举的六种人，可以说在生活中随处可见，如果我们谁都不能得罪，那我们能得罪谁?

答案显而易见，我们唯一能得罪的，只有好人。似乎好人是最没有威胁性的一类人，也是最弱、最没有力量的一类人。照这样下去，谁还愿意做一个好人？

你这么担惊受怕，这么拼命解释，就是因为害怕得罪人，害怕别人一时兴起就把你灭了，那你有没有想过一个问题，别人为什么就不害怕得罪你呢？

当然是因为你是一个好人！然而，做一个好人，不等同于做一个软弱的人，你的善良必须带点锋芒。

刘同说过，不要怕某种性格会得罪人，要知道世界上没有任何一种性格能避免得罪人，既然都会得罪人，那就做你自己，做好了自己，就不怕得罪人，因为你可以承担后果。

真正的安全感是不绑定在别人身上的，人生唯一的安全感，来自充分体验人生的不安全感。换句话说，安全感不来自不得罪人，而是来自你懂得如何应对那些被你得罪的人。

越是害怕得罪人，就说明你越是没有办法面对生活中的恶意，越是没有办法前进。

在你开口笑就会得罪人的今天，要想谁都不得罪，除非你站在社会的最低谷。即便这样，某些“大人物”还是会觉得你碍眼。

| 02 |

在成人的世界里，比起你的为人处世，他们更看重你所站的立场。

比起你的人情世故，他们更在乎你的基本三观。

如果三观不一致，即便你人情再练达也会有触犯对方边界的时候。如果两人立场不同，哪怕再能照顾彼此情绪，也很难向对方掏心掏肺。

八面玲珑，在官场上是一种可怕的品质。

在我当辅导员时，有间男生宿舍刚入学时经常出事。晚上熄灯后，因为有人用笔记本电脑玩游戏，宿舍里的同学大吵了一架；因为谁来值日的问题，又大吵了一架；为公用刮胡刀的事，还差点打起来。但有趣的是，这个宿舍的男生从来没要求过换寝室。

后来大家都明显地感觉到，这个宿舍的男生关系特别好。我问过他们原因，他们说这叫不打不相识。

其实不完全是这样，这几个男生在一开始就挑明了自己的态度，在宿舍小小的天地里划定了彼此的雷区，并在数次争吵中撕下了伪装进行了深度沟通。

聚餐时，我观察到一个现象，有个男生离席去接听电话，旁边的人都在调侃：“女朋友让他回去交作业了。”然而他们宿舍的另外三个人却是不说话的。

我觉得，这就是一个宿舍的人该有的边界感。

很多女生常抱怨自己的朋友：“她变了！”事实上，她从来没有变过，她只是变得不能再掩饰下去了。

何必呢？每个人都有自己的私密空间，本就应该在刚开始时亮明态度：非请勿入。

| 03 |

传统文化让我们“不要得罪人”，是不要把自己的外部世界无限延长，肆意破坏别人的人际边界，这样的得罪是万万不应该的。

导致自身灭亡的，不是得罪了别人，而是没有边际地膨胀。

如果在生活中，别人的触角已经越过彼此关系中不该越过的那堵墙，那我们应该毫不犹豫地得罪他。

因为他的手如果伸得太长了，那对我们的内心世界就是一种摧毁。

如果别人的行为严重违背你的价值观，或者行业内部里约定的规则，你也可以毫不犹豫地得罪他。

你必须明白，正是因为有了底线，我们才不会一无所有。正是因为大家都不容易，所以才更应该坚守道义。

某位伟人说过：一仗打出十年和平。我们自古就是爱好和平的民族，但只要对方侵犯了我们的底线，我们就必须狠狠地得罪他。

所谓骄纵的孩子有人疼，懂事的孩子无人理。一个关键因素就是，由于太懂事抬高了对方对我们的期望值，所以对方也就不那么看重我们的付出了。

八月长安说过：人和人之间也真奇怪，明明是越靠越近，边界却越来越模糊。愣头青凭着一股热情往他人的内心闯，总要被电网伤过一次，才知道哪里需要绕着走。

不敢得罪，不仅是一种自我折磨，更是一种自我放弃。当一个人因为害怕，不断丧失自己的尊严和立场时，他就会变得面目全非，直到有一天彻底失去自己的心灵边界，他就变成了一个没有灵魂的躯壳。

学会读书，是通往高贵的捷径

| 01 |

中国人的平均阅读量偏低，这是大家的共识。

现在的大学生阅读兴趣在逐年下降，三年读不完一本书也很正常。高校大学生不爱读书是因为在他们看来读书是一件痛苦的事。因为老师发到他们手中的教材或是经典名著都存在两个问题：一是不接地气；二是读起来晦涩难懂。

即便是职场上的员工，也不会多读书，大多数人都局限在仅有的基本工具书里。

虽说我们不爱读书，但是一些网站的修仙小说、丧尸小说却很受欢迎。

此类小说中经常讲到，一个男子，他开始是多么平庸，某个瞬间突然获得了某种神奇的力量，然后他就变厉害了。接着周围的女性不断地被他征服，那些欺压过他的男人一步步被他打倒。之后他要么拯救全人类，要么心情不好大开杀戒……男生特别爱读这类小说，但其实这类小说一点“营养价值”都没有，它只会满足两个字：“意淫”。

而在女生爱读的小说中，主角往往是一个长相一般、性格憨憨的女孩。某天，她憨憨地出门，被法拉利撞了，但她却没被撞死，接着从车上下来一个高富帅，还是某个大集团公司的总裁。哇，女生发现自己撞了大运，和高富帅擦出了爱情火花。

某天，总裁温柔地告诉这个憨女生，他其实是从清朝穿越过来的乾隆皇帝，要带她回到清朝享受荣华富贵，只要女生在某个电闪雷鸣的夜晚，让雷劈一下就可以啦。

于是憨憨的女生就照做了，结果她不是穿越到了清朝，而是被雷劈进了医院，可能还小命不保……

从今天开始，大家都不要看这类小说了，虽然听说有些外国人对咱们的玄幻小说、玛丽苏文学迷得不得了，但是这种小说实在是让读者得不到知识上的提高，只能让人们陶醉在一种虚幻的世界里。

我觉得这样的文学对人的心理成熟是有负面影响的，我们应当建立正确的读书习惯。

| 02 |

怎样建立正确的读书习惯？先从灵魂之书开始。

什么是灵魂之书？

有这么一本书，书里面的东西可能随时随地跟随着你生活的各种行为，就像令狐冲时刻记着他的独孤九剑一样。这本书是你的内功、心法，它的内容指引着你整个人的人生修为。它的内容和基本价值观影响和改变了你的整个人生观，甚至改变了你的人生。这本书就是你的灵魂支柱，是你内心的支持，是你的灵魂之书。

说起我的灵魂之书，我很想说是弗洛伊德的《梦的解析》、马尔克斯的《百年孤独》之类的，但其实不是。

我可以坦白地说，对我影响最深的，是年轻作家李尚龙的《你只是看起来很努力》，因为这本书确确实实改变了我。

去怒江支教的时候，虽然我是心理学老师，但是在那里语文、数学、英语我都要教。某天我无意中看到李尚龙的这本书，就推荐给了大家。作者认为，现代人普遍存在一个问题，他们所有的努力都是要发在朋友圈的，所以看起来很努力。而实际上，发在朋友圈里只是提前满足了努力这件事，却没法静下心来真心去努力了。

正是这本书让我接触到了李尚龙这个人，我看他因为写书开了公众号，又在各大平台讲课。我认为自己也可以像他一样，我想试试。

于是我就在他的公众号给他留言，他也鼓励我去尝试。

于是，我花了一年时间写公众号，然后在网上开课，一直到今天。可以这么说，是这件事改变了我的人生轨迹。

所以，灵魂之书对人的作用不容小觑，我们必须有一本属于自己的灵魂之书。

| 03 |

怎样爱上读书呢?

最重要的是激发自己读书的动力。大学教育虽然拼命强调要努力、要向上，但从来没有告诉过你，怎样才能拥有读书和学习的动力。

那我们可以从以下几方面入手:

（1）学会和作者互动。

读者首先要成为作者的朋友，之后再成为作者。我和李尚龙老师就是这样认识的。

可能有人会说，作者很少回复读者的消息，包括我。关于这一点我真的很抱歉，每天三百多条信息，我一个人很难全部回复的。但是我告诉你一个方法，作者一定会理你的，你去他的公众号留言，写一大段对这件事情的评论，那么你的留言一定会被放在文章下，而且他也一定会回复你。

（2）可以先了解作者的趣闻。

有人说读一本书就相当于和一个作者聊天，这话不错，但有人也会说，老师，有些作者已经离世，我找谁聊天去?那我告诉你，你可以去百度搜索作者的奇闻趣事。

我特别喜欢荣格的书，因为我知道他做过一件很了不得的事。作为一个心理学家，他居然在患精神病期间突然发现“集体无意识”这个概念，进行了一定的心理研究后，他竟然脱离了精神病。

还有苏格拉底，我对他的“苏格拉底产婆术辩论法”是深入研究过的，因为我之前就对苏格拉底非常好奇，他的老婆是著名的悍妇，他经常被老婆欺负得抬不起头来。我有时在想，他这么细腻有才华的人，怎么能被老婆压着打？

在阅读他的作品时，我会被自动带入一个妻管严的男人的形象中，这让我在读他的书时多了一种乐趣。

还有一本书，我也读得非常专注，甚至在读这本书时落泪了。这本书叫《房思琪的初恋乐园》，是林奕含的小说，因为读之前我就知道了作者的悲惨经历和她自杀的消息。

（3）学会和作者“对话”。

我们可以去参加作者的微课，从声音中勾勒出这个作者的形象。当你再去读他的书时，你会发现，他的作品不仅通俗易懂，还有一种莫名的亲切感。

我有个学生是写作高手，他的文章被《意林》和《读者》多次转载。某天，他的一篇文章被他的学校拿来作为月考试卷题，老师要求学生为这篇文章写阅读理解。结果这个学生的答案被打了个大大的叉。我的这个学生感叹地说：“我这辈子就被中学语文坑了。”最摧毁读书兴趣的方法，就是让你从头读到尾，逼着你有感情地诵读，按标准答案理解。

所以，读书最大的乐趣就是学会和作者对话。作者可以是你心中的一个人，也可以不是一个实际的形象，但却真真切切活在你的心中。

| 04 |

如何快速、高效地读书？

进入大学或社会后，大家发现时间的应用效率大大下降了，有时候一整天什么也没做就过去了，简直是浪费时间和生命。这其实是因为大家的生活越来越模式化，生活被某些东西带着走了，导致你停下来专注的能力越来越差。

想想中学的时候，课间休息最多十分钟，你却可以做很多事，可以搭讪前桌的美女，也可以戏弄一下同桌，还可以到黑板上乱画。

为什么？因为你在下课的时候，情绪是放松的，你放松的情绪能让你做很多的事。而在上班时，你的情绪是压抑的，所以你会感觉时间飞快，却什么事也没做。

在我的微课课堂上，我做了几次实验，同样是一篇文章的两段内容，均取自《史记》。

一组人阅读时刷着牙，另一组人正常阅读。

实验结果显示，一边刷牙一边读的人能比正常阅读的人理解更多的内容。

这是为什么呢？因为面对你难以了解的人和事，你的内心会有一种恐惧，而你内心的某个系统怕你受伤，会封闭你感知恐惧的能力。所以刷牙封闭了一些感知，克制了你的焦虑与恐惧，却帮助你解放了一部分潜力，这样你理解这些事物的能力就上去了。

所以，当面对一件痛苦或者是自己不情愿做的事时，封闭一些感知反而可以克制住焦虑和恐惧，之后便能集中注意力，解放出先天的某些智慧来克服当前的困难。有了这样的技能，将来就可以在社会上绝地逢生、转危为安，而这个技能是从读书练起的。

季羡林说过：如果读书也能算是一个嗜好的话，我的唯一嗜好就是读书。人必须读书，才能继承和发扬前人的智慧。人类之所以能进步，靠的就是既能读书又能写书的本领。

你认为社交无用，是因为你不懂这些“潜规则”

| 01 |

前段时间曾经风靡一时的“社交至上论”销声匿迹后，最近“社交无用论”又开始甚嚣尘上了。

某公众号上几百万阅读量的文章开始大骂情商害人，无用社交浪费了当代人的宝贵时间，鼓吹“别去经营无聊的人际关系，当你有了实力后，所有的大佬都是你的朋友，都会向你低头”。

我想说，社交是有用的，所谓“施比授有福，助人为快乐之本”这句话本就是国学经典。

当代助人行为日渐减少的最大原因就在于：求助者的求助态度和交流方式，不能让施助者感到快乐。于是他们把得不到帮助的原因推给别人，认为别人“寡情薄义”，之后又定义这样的交往是“无用”的，简直是浪费时间。

我希望这样的人能坚信“社交无用论”，因为我不愿意成为这种人的人脉。我是一个活生生的人，我有我自己的情感。我无法像一个冷冰冰的工具一样，被他使用得称心如意。

另外，一个人愿不愿意和你成为朋友，受多种因素制约，不完全取决于你的个人价值。

首先，鼓吹“实力决定社交”的人，肯定从来没拥有过实力，否则他一定明白“高处不胜寒”的道理。其次，如果一个人的个人修养跟不上他的实力，那他过高的自信只会进一步摧毁他的人际关系。

其实，大佬是愿意帮助我们的。前提是我们能找准机会，利用自己的高情商，不要让人为难。他的举手之劳，也许对你而言意义非凡。

前年我在边疆贫困山区支教时，有一天浏览微博看到了这么一个ID：乡村教师代言人——马云。

我很好奇，马云什么时候成乡村教师代言人了？于是我点进去一看，原来马云在搞一个陕甘宁云贵川乡村教师的鼓励计划，活动将评选100位优秀乡村教师，并给予相当的经济扶持。

我把这件事告诉了支教山村的领导和老师，可惜老师们对网络不是很了解，不知道该怎么做。

于是，我想起了平日里忙里忙外的李老师，她本来是城市人，跟着老公来到山区后，担任乡村教师二十多年，村里都公认她是为学校奉献最多的人。

我赶忙帮李老师填写了材料，还用英文写了一封信给马云，介绍了当地的情况，随后通过昆明报社的朋友，把材料报到了马云乡村教师基金会。

过了一段时间，李老师成功入选。李老师见到马云时，马云还对她说：“你的英文信写得很有感染力。”

大家都为李老师感到高兴。很多不明真相的人总是问我：“你是怎么认识马云的？你到底用什么方法打动了他？”

我哭笑不得。

不单单是马云，刘强东最近的名片也变成“村长”了。他竟然担任起了平石头村的村长，并定了一个小目标，五年内让该村的家庭平均收入提高十倍，不是用捐赠的方式，而是用产业的方式。

其实，并不是所有的帮助都是在明智原则下的利益交换，从康德的绝对命令观点来看，提供对别人力所能及的帮助，是我们对他人负有的一种责任。这不是一种能被情绪渲染的偶然行为，而是为了构建一个心理共同体的必然行为，而这种潜在的共同体联盟能帮助成员抵抗潜在的危险。

马云热衷于当“乡村教师”，他无数次在演讲中说过，当老师的日子是他最快乐的时光。接着是刘强东扶贫，他也毫不掩饰地说，村长是他儿时的梦想。

所以，马云和刘强东的自发助人行为，不仅仅是为了让自己高兴，更在试图把自己拉进一个群体中，这个群体让他们感到安全，这种安全感来自他们过去的经历。

遗憾的是，当代人在人际交往中，考虑更多的是人脉“有没有用”。这使得他们的要求过于露骨和直接，往往会让被求助者感受到危险。

| 02 |

江师兄就是一个求助的高手。在我们的圈子里，他是一个人缘很棒的人。某天江师兄打电话给我，客套了几句话之后，开始了他的求助。

“老弟啊，我这里有个事情要麻烦你一下！”

说实话，我听见这种话，内心是会紧张的。当年大学毕业时，江师兄曾经为了帮助我进他们单位，给领导打过报告，申请招人。不过我后来选择了读研究生，但内心总觉得对他有所亏欠。

江师兄请求我的帮助，那一定是很重要的事。我大概担忧了一秒，立刻平静地回复他：“师兄，别客气，你说！”

“我姐姐家的儿子，今年要考研，选择了你的导师，初试已经过了，但成绩不占优势……”

听到这里我就明白了，我的导师是一位热门导师，师兄这次多半是找我要导师的联系方式，甚至需要我去找导师为他外甥美言几句。

这种电话我接过不少，实际上让我很为难。因为我的导师很讨厌走关系，为了保证公正，他在复试之前是不见学生的。

虽然这很尴尬，但我还是想跟江师兄说明情况，刚打好了拒绝的腹稿，结果江师兄接下来的话却没按我的剧本走。

“他对此很重视，想报一个 ×× 考研的补习班。想问问你，×× 考研的补习班靠不靠谱啊？你有更好的推荐吗？”

哎呀，就给个建议嘛，有啥为难的！我当即帮江师兄分析了考研补习班的利弊。

可是说了很多，感觉又对不住当年江师兄帮我的恩情，我就又讲了一些，包括导师的研究方向和知识专精。

突然，我意识到自己是不是说多了，感觉自己无形中降低了底线，仿佛有一种想法——我都做了这么多了，就送佛送到西吧！

我立即明白，这就是江师兄情商高的地方。虽然他有恩于我，可是他对我提出要求的口子是很小的，就算我只提供了一些建议，他也一定不会被我拒绝，我们俩的关系也不会遭到破坏。

心理学家艾略特·索伯（Elliott Sober）和大卫·威尔逊（David S.Wilson）对于利他提出了自激励效应，自激励效应的存在指出了利他者在适应性方面获得提升的一种新途径：在危机情境下，虽然利他在客观上消耗了行为者的物质资源，降低了利他者的外部效用，但利他行为能够为利他者带来内部效用的增益，那么个体的助人行为便会增加。

也就是说，当我给予江师兄关于考研的建议时，我似乎梳理了毕业五年来，对导师和专业的理解。而且他不断暗示我，我已经不是毕业时那个可怜兮兮要他帮忙找工作的鼻涕师弟，而是一个可以独当一面的专家了。

理查德·道金斯（Richard Dawkins）也认为，当我们的利他行为能够充分彰显自己在群体中的优势时，利他行为便会得到强化。

| 03 |

经常有公众号和个人来申请转载我的文章，但有一部分人我是不理的，他们也许不明白原因，他们的请求向来是这样的：

“你好，请问你的文章可以转载到我的公众号 / 个人空间吗？”

在微课直播间里，大部分同学看不出来这个请求有什么问题。

有人说，是没谈钱吗？不是，我的转载不要钱！

有人说，是不够礼貌客气吗？不是，我没有那么大牌。

有人说，是不能转载给小号吗？不是，我愿意转载给任何人。

那原因是什么呢？我把成熟编辑的请求信息，发出来给大家看看。

“您好，剑圣喵大师，我是 ×× 公众号的运营 ××，希望转载您《××××》一文，我们平台粉丝 ××，头条阅读 ××，会按照转载需求标明出处，保证文章不会用于商业用途，我们的公众号 ID 是 ××××。”

现在你明白了吧，我之所以不理前者，是因为他们的信息太过简单。首先，我需要浪费很多时间提出一个个问题向他们询问。其次，他们的这种不成熟，会让我极大怀疑文章有滥用的可能。

还有些读者的大段文字，可能让我很难帮助他们。他们经常发一大段话，然后接着问这样的问题：

“老师，你说我到底该怎么办？”

“老师，我到底要不要离婚？”

“老师，我是不是该立马辞职离开这个单位？”

心理学研究表明，网络求助一旦有责任转移的语气，对方给予帮助的可能性就会大大降低。

我很想告诉这些读者，我不能帮你做决定。一方面，我不了解你的具体情况，你描述给我的事实存在被加工过的可能性，我轻易给你提出建议，出现灾难性后果我负不了责。另一方面，我随意插手你的生活，这会阻碍你自我成长的能力。

我喜欢那种让我做选择题的读者，因为这个选择的基础是他自己已经想好的，我喜欢这种为自己负责的态度。

| 04 |

我就是不愿意像某些人一样，为了所谓的人脉刻意交朋友，又为了某些“有用社交”放弃朋友，带着虚伪的面具和伤害自我的笑容活着，最后用这些人脉去完成他想要做的事情。

当然，他们达不到目的，因为对每个人都热情，就意味着在每个人心目中的分量都不重。所谓得道者多助，把别人装在心里，别人自然会来帮你。要想获得有用的人脉，你就要牢记以下“潜规则”：

（1）所有的帮助，都是为了和对方拉近心理距离，盛气凌人和道德绑架式求助，只会让人生厌。

（2）请求中要考虑对方的立场，对方有拒绝你的权利，建立一个安全舒适的交流环境。

（3）求助不要浪费对方时间，小事宁愿花费金钱，也不要消耗朋友的时间。

（4）在人际关系中，没谁喜欢被别人单方面消耗。想要认识厉害的人，不只有必须成为厉害的人一条路。你可以给厉害的人展示你有某种方面的潜力，也可以让厉害的人觉得，他对你的帮助，可以让他变得更厉害。

这个世界上有一半的问题和麻烦来自：请求别人请求得过多；考虑别人考虑得太少；答应别人答应得太早；而拒绝别人又拒绝得太晚。

参考文献：

胡天翊．（2013）．义不容辞还是情有可原：危机情境中的道德判断（博士学位论文）．北京大学．

姜丽萍，姚岚，王玉玲，王一婷，金伟琼．（2008）．桑美台风灾害对幸存者心理影响的定性研究．中国心理卫生杂志，22，929－933.

李建会．（2009）．自然选择的单位：个体、群体还是基因．科学文化评论，6（6），19－29.

李靖宇．（2014）．低自我控制状态增加危机情景中的利他行为（硕士学位论文）．北京大学．

Darwin，C.R.（1871）.The descent of man，and selection in relation to sex.

London: John Murray.

Dawkins, R.（2006）.The selfish gene（30th ed.）. New York: Oxford University Press. Eldakar, O.T., & Wilson, D.S.（2011）. Eight criticisms not to make about group selection. Evolution, 65, 1523－1526.

别拿你的错误逻辑
来要挟我

| 01 |

红拂姑娘在父母离婚后，就一直跟着妈妈过。

她的继父对她同母异父的妹妹非常宠爱，却对她百般限制。甚至总让她们处于一种竞争的状态下，当然，这种竞争无论最后是什么结果，都会被继父判定是妹妹赢了。

这样的家庭环境让她越来越自闭，越来越不愿意和别人讲话。

可她的继父总喜欢拿她炫耀，有一次，继父当着很多狐朋狗友的面，要求红拂叫他“爸爸”，叫一次给 10 元钱。红拂不愿意叫，让继父丢了面子，继父不仅当晚打了她，还连续几天都没给她吃饱饭。

妹妹也时常嘲笑她，在爸爸妈妈眼里，妹妹是百依百顺的，红拂却是叛逆冷漠的。

继父去世后，把所有财产都留给了妹妹，妹妹似乎完全不想分享财产。这使得红拂必须打工赚钱养活自己，这也使得她们之间再无任何姐妹情。

上大学后，红拂选择了国家报销学费的师范专业，由于成绩优异，她不仅被保送上研究生，毕业后还进入一所省重点中学当老师。

而妹妹在经历了一次失败的婚姻，被前夫骗走了众多家产后，依旧纸醉金迷，丝毫不愿意降低生活标准。

这天，红拂接到了妹妹的电话。妹妹找她借十万元钱，目的是开火锅店。要知道，这可是学校给她的安家费，红拂的全部财产。红拂不愿意，妹妹开始哭诉自己的悲惨遭遇。

“我被前夫骗得好惨啊！我现在的丈夫又只听婆婆的，一分钱不愿意出，我差点就抵押了房子。”

妹妹听出红拂不愿意帮助她后，使出了“撒手锏”。

“我已经走投无路了，只能求助我的姐姐了。如果你遇到困难，最可靠的人难道不是家人吗？”

红拂此时心中浮起了一种恐惧感和内疚感。

接着，妹妹一改往日傲慢的讲话方式，温柔地提出让妈妈和红拂谈话。妈妈说了很多关心她的话，但话锋一转，又提到自己的身体每况愈下，希望红拂能够帮助妹妹渡过难关。

这一招重重击中了红拂的软肋。

这几年虽然一个人坚强地活着，但她真的幻想着某一天，在可恶的继父离开后，她能够和自己的妈妈甚至妹妹一起生活，一起吃晚饭。每到春节这样阖家团圆的日子，她都会悄悄流泪。甚至她连恋爱都谈不好，总感觉自己对人际关系充满了排斥和警惕。

“如果借了钱给妹妹，我就又有家了！”

于是，红拂把钱借给了妹妹。

可惜，她没能再次得到家人的爱。甚至，她还打听到，妹妹把钱借走，根本不是去开火锅店，而是为了维持她极尽奢侈的生活。

“老师，我该怎么办？”

隔着屏幕，我都能感受到她的悲伤。

该怎么办？其实很简单，运用法律武器要回自己的安家费。但在此之前，我要告诉红拂一件事。

“傻姑娘，你被骗了！”

一段亲密关系，尤其是家庭亲密关系，是不可能靠钱来弥补的。妹妹和妈妈所承诺的“家庭温暖”，根本就是海市蜃楼。

这个世界的幸福是无常的，有些东西逝去了，就不要再想办法把它抓住，否则到头来只是一场空。

这个世界的爱还有很多方式，太执着于某种方式的人，会坠入地狱。

| 02 |

其实，红拂姑娘遭受了一种人际暴力。

这种人际暴力比语言侮辱、冷暴力隐蔽得多，杀伤力也更强。

它的名字叫“情感勒索”。

美国心理学博士苏珊·福沃德在《情感勒索》一书中说，“施暴者”们的标准台词是：“如果你真的爱我……”

情感勒索者会为“付出”和“责任”之间设定新的界限，具体点就是：他完全不需要付出，但你一定有天大的责任。

他会告诉你，不管你喜不喜欢，你都必须按照他们的要求去做，甚至要对他们的无礼要求有求必应。

从此，一段关系中再也没有了“自愿”“真心”“奉献”和“守护”。有的只是“责任”“义务”和“守规矩”。

这种不平等的人际条约，有一个错误的假设，那就是：好像一个人对别人的关怀可以永远不会枯竭，而且永远不需要对方有同等的情感付出。

这段扭曲的关系里没有爱，一个是“忠犬”，另一个是主人。

他们会想办法在你心中建立起一个奇怪的逻辑，那就是明明是他自己伤害自己，可你要是不满足他的要求，那他受到的任何伤害，都是你的行为导致的。

这充分利用了我们的“罪恶感”。

因为作为一个有良知、有道德的人，我们不能容许自己的行为伤害到别人。

“罪恶感”会让我们对自己善良、正直的自我评价产生动摇，让我们突然产生一个错觉，“我们该为情感勒索者自己导致的痛苦负责”。

我必须帮天下的受害者厘清一个思路。

第一，“欲加之罪，何患无辞”。

真正爱你，并值得你珍惜的人，即使你的行为真的伤害到了他们，他们也一定不会拿这种行为来要挟你做什么事。

第二，你帮了他才是真罪恶。

上文中的妹妹之所以会陷入困境，是因为她明知自己的能力不足，却还想过曾经的花天酒地的生活，丝毫不愿意降低自己的消费标准。

你要在此时借钱给她挥霍，只会让她更加看不清现状，所谓“肉包子打狗，一去不回”。说句实在话，是我的错又怎么样，你伤害我的时候，你考虑过弥补你的过错了吗？

| 03 |

情感勒索还有一种很明显的特征就是，勒索是无止境的。

无论付出多少，你永远都没有办法堵住他们的缺口。

在许多家庭里，孩子永远都亏欠着父母。只因为他们生你养你，所以你永远都必须向他们妥协。

无论你的岁数有多大，无论他们用什么样的态度对你，无论他们怎么粗暴地干涉你的决定，然后把你的人生弄得乱七八糟。只因为他们给予你生命，所以他们有借口要求你做一切事，无论任何时间。

旧事重提根本就是他们的家常便饭。至于他们做过的对不起你的事，就选择性忘记。

女儿要远嫁，爸爸以自杀要挟道：“养了你这么大，你居然背叛我！”

儿子结婚后，妈妈躲在门口偷听：“我把你拉扯大，我就有权知道一切！”

一段没有爱只有情感绑架的关系，早已经名存实亡了。

我希望天下的父母明白一点，如果你选择给予孩子生命，却没有给予他自由，那这就不是一份恩惠，而是一种祸害。

希望我们的身边，再也没有情感勒索。好的关系是两颗心彼此温暖，而不是一颗心对另外一颗心的单方面付出。

真正的高手，都能不被外界声音所扰

| 01 |

“微信的发明人”张小龙，近日在“2019 微信公开课”上分享了他对新版微信始终如一的坚持。面对用户对新版微信 7.0 的吐槽，张小龙说：“每天有 5 亿人在吐槽，有 1 亿人想教我做产品……不过我都习惯了。”

交流在张小龙眼中不是桥梁，他认为沟通是把自己的人设强加给对方。张小龙在产品创设方面非但不听旁人意见，反倒装“聋”。有朋友说，在互联网界，微信就是一个异类，跟其他产品不一样。

许多互联网公司为了尽可能实现流量变现，都会在进入 APP 的页面插入广告。张小龙说：“微信有 8 年了。如果微信是一个人，它一定是你最好的朋友，你才愿意花那么多时间给它。那么，我怎么舍得在你最好的朋友脸上贴一个广告呢？你每次见它，都要先看完广告才能揭开广告跟它说话。”

只有张小龙把微信当成产品，也只有微信把用户当成客户。

张小龙告诉我们一个道理：坚持你的原动力，不要让无谓的沟通将它抹去。

一个 26 岁的姑娘，正处于工作上升期，每天忙得不亦乐乎，对未来充满希望，一直坚信只有更努力的自己才能等来足够优秀的他，因此姑娘每天努力工作，认真健身，状态好得不得了。

亲戚和朋友看不下去了，告诉她，她这是在拿自己的命运开玩笑，女生 26 岁还没有男朋友太可怕了。

你没有工作可以，但你不能嫁不出去，再说你挣那点钱算什么，不够买房也不够买车，白忙一通。

如果姑娘不够坚定，就此盲目地去相亲约会，很可能一无所获；倘若姑娘够坚定，能稳住阵脚随心走，很可能就会在进取的同时遇到对的人。

然而，人最不易的事就是面对奋斗路上的反对声。

总有人在你满怀热情、脸涨得通红的时候，站出来泼一盆冷水。有的人瞬间结了冰，而有的人却只是洗了个澡。后者就是成功者。

| 02 |

想必大家都知道大名鼎鼎的 beats 耳机吧，就是那个无论是大人物还是小人物都愿意挂在脖子上遛大街的耳机，其品牌的两位创始人最初是美国的嘻哈歌手和制作人。

曾有记者采访其中一位创始人，问他为何在商业领域如此优秀。这位创始人说，其实做商业就和赛马一样。

为什么要给赛马戴上眼罩，就是因为如果它总看着左边的马或右边的马，就会踩空。人也需要眼罩这个东西。当你在追求什么的时候，你就不应该左顾右盼，去做就是了。

人生的每一次选择都像是赛马，在赛马跑道上，只有坚持初心，不顾他人影响，走你自己的路，才能不畏首畏尾，被别人左右。

那个曾被人视为全靠父母的星二代、反叛又桀骜的窦靖童，在北京卫视的跨年演唱会上，身披军大衣，头戴雷锋帽，冻得哆哆嗦嗦地演唱完了自己的曲目，并向观众鞠躬露出天真的笑容。

你很难想象，此刻舞台上认真、专注、可爱的小姑娘，是天后妈妈和巨星爸爸的宝贝女儿。

她尊重观众，热爱音乐，坚持自己喜欢的音乐风格。

人们说她的声音像王菲，应该唱抒情慢歌。可窦靖童偏不，她喜欢什么就唱什么，她的歌基本都是英文歌，风格轻松惬意，和老妈的音乐风格南辕北辙。

其实这种看似“固执”的神经质性格，反而是很多人达成梦想的必备品质。

与其说是“固执、一头撞在南墙上”，倒不如说是不轻易妥协。不轻易向生活、向现实妥协。

窦靖童曾这样阐述自己的人生观：“你在这个社会给你既定的这条

线外，找一条属于自己的平行线，你要活在这个社会的大环境里，但可以保持一点点距离。”

她从不妥协，不在乎外界赋予她的压力和条条框框，她只想在有限的自由中，拼命精彩地生活，热烈地做自己喜欢的事情。

王小波曾说：“永不妥协就是拒绝命运的安排，直到它回心转意，拿出我能接受的东西来。”

现在的窦靖童，就像是一路披荆斩棘的战士，在重重压力下闯出属于自己的一片天。

在你给别人展示出自己的主张时，别人也会提出自己的主张，冲撞就产生了。很多人试图沟通，却发现，很难改变别人，却也不愿轻易被别人带着走。这种无效的沟通有太多，或者说，双方谁也没有可以深入对方的能力。

《奇葩说》的辩手臧鸿飞，因为留着一头长长的“脏辫”，每次回到家乡的胡同，都会被街坊四邻指点：“你看那孩子留着长头发、不上班，早晚都要进监狱。”他就这样被人指着后背指了十年。

然而臧鸿飞就是想证明，那个留长头发、天天不上班的人，他也可能进不了监狱，他也可能走到一个很大的梦想的舞台。

但现实是，我们不可能会花很多时间去向不了解自己的人解释，我为什么有 8 个耳洞，我为什么文了身，我为什么抽烟，我为什么会有抑郁症，我为什么放弃铁饭碗去追梦……即便你说了，别人也不一定信你。

因为总有人觉得，你与他不同的生活状态，是对他生活的亵渎甚至威胁。

直到现在，臧鸿飞路过某公司的大门时还会被当作是要饭的，而他却戏谑地对保安说：“我进去拿几个瓶子就走。”

所以，装聋作哑、顶着不被理解过生活是一种非常有勇气的常态。

臧鸿飞说：“我特别希望当我老了，最引以为傲的作品，就是我不妥协的一生。”

我们也一样，因为，最闪耀的星星总是独自绽放光芒。

| 03 |

周国平曾说：“被人理解是幸运的，但不被理解未必就是不幸。一个把自己的价值完全寄托于他人的理解上面的人往往并无价值。”

成功是由一次次的困难撑起来的，所以碰壁不可怕，可怕的是一辈子顺风顺水，从未认清过自己。

当我们害怕做自己时，实际是在害怕什么？

当你要一心一意做一件事的时候，得不到“重要的人”的支持怎么办？形单影只怎么办？

每个人其实都是一个独立的个体，但是有些人特别怕自己是独立个体，他就靠拢到一些群体里，每一个独立的个体都会是鲜活一点的，而不是完全没有缺点的。

世界这么大，即使没有大多数人的支持，也并不代表没有和你频率很相近的人存在。然而最难的是，我们一起出发，你却在半路返航。

不变的初心，才是纯粹的真心。

日本动画大师宫崎骏，早年丧母，又目睹了父亲因利益犯下罪行，少年时期一直孤独无助，到了中年，事业也一直没有发展，如今 77 岁，依旧一个人生活。

可以说他的生活就是灰色的，但他的每一部作品都充满童真的颜色。在他的影片中，只有孩童、森林和绿色。

宫崎骏一生都坚持着童真般的美好，从未向心中的黑暗妥协。

有了宫崎骏，多少人才得以在电影中找到心灵的栖身之所。

为什么总有人坠入万丈深渊？因为人经不起诱惑，在困难面前你若掉头回去，一定不会再来了。

或许我们都只是普通人，没有豪言壮志也缺少雄心。

但是哪怕此刻无法踏上征途，那么，至少将我们的初心好好地珍藏在心中，不让它因岁月的冲刷而斑驳失色。

自黑，是内心强大的极致

| 01 |

很多同学问我，经常被别人笑话怎么办？

我想告诉这些同学，你跟着他们一起笑自己啊，如果他们看不到你的难堪，这份无趣就会转移了他们的注意力。

真正热爱生活的人，都是擅长自黑的人。

老舍就说过，一个会笑，而且能笑自己的人，绝不会为一件小事而急躁怀恨……嬉皮笑脸并非幽默，和颜悦色，心宽气朗，才是幽默。

大家肯定会问，自黑，那不是让自己更加无地自容了吗？

心理学中有个概念叫作“犯错误效应”，也叫“瑕不掩瑜效应”，指的是对于有实力的人，犯下某个小小的错误反而会提高他们的魅力［阿伦森（Aronson，1966）］。

但这个效应有一个关键的地方就是，自黑时，你必须彰显你的实力，否则就会适得其反。

因此你就要学会以下两个技巧：以柔克刚和欲褒先黑。

以柔克刚展现的是自己的口才，能够通过语言引导，化解对方的恶意笑话。

欲褒先黑展现的是自己的真正实力，即通过黑自己来表现自己的雄厚实力，就像拿过别人攻击你的长矛，在自己的盔甲上戳两下，结果长矛断了。对方此时一定心胆俱裂，再也不敢发动进攻。你便证明了，你是一个“黑不动”的人。

| 02 |

自黑的高级：以柔克刚。

当对方对你发出语言攻击的时候，你把对方的侮辱，通过自黑的方式放大化、夸张化，让对方这个侮辱看起来像个笑话。如果对方再继续侮辱，那他自己就成笑话了。

比如，某次自媒体人聚会，有一个自称很牛，但我却没听过名号的作者，用阴阳怪气的语句嘲讽我：“喵大师，听说你们知乎几十万粉的大 V，都经常有女粉丝投怀送抱，要不跟我们分享分享？”

大多数人遇到这种情景，肯定会选择断然否认：“你别乱说啊，根本没有的事，你们大家不要信他！”

原谅我的直白，许多人就是这样。如果你此刻如此反应，在场的所有人都只会觉得你欲盖弥彰，被人说到了痛处。

这时采用自黑法是最棒的了。

“其实，情况比你说得严重，我写一篇文章大概涨三千粉，其中就有一千多女粉和我约会。”

使用这种自黑法，就把对方的一个恶意攻击变成了一种玩笑。成为玩笑后，这个哏不仅对你毫无杀伤力，还成为你博众人一笑的哏。对方再使用，就是搬起石头砸自己的脚了。

明星杨幂就经常被人黑“脚臭”，“演技差”，其实这是有侮辱性质的。杨幂不但不在意，反而主动“黑”自己，常常拿“脚臭”来自嘲，而且她把这个哏已经玩到了不可自拔，甚至在《分手大师》里还出现了这个段子。这就是一种高情商。

| 03 |

自黑的最高级：欲褒先黑。

戴维·迈尔斯在《社会心理学》里描述了这种方法：人们对外展示的自我和他们的自我感觉是不同的。最明显的例子不是虚伪的傲慢，而是虚伪的谦虚。

这种自我贬低是一种很巧妙的自我服务，因为它很像安抚心灵的定心丸。

比如，我有个朋友在一次聚会上说出这么一句话：“听说你们学心理学的，心里都有病是不是？”

她才一说完，就觉得自己失言了，但一时不知道怎么缓解尴尬，只能嘟囔一句，让我不要把她的话放心上。

“是的，我们学心理学的，可能过于关注别人的心情，从而忽略了自己的感受，这可能是一种病吧！”

这时，我接了她的哏，不仅让她有台阶下，还让自己显得很幽默。

又比如，我某天在一个学校演讲，有个学生站起来挑衅我：“老师，你觉不觉得你今天讲得很‘垃圾’？”

这种场合对演讲老师是不公平的，如果你回避了这个挑衅，会被认为软弱，如果你反击这个学生，又会被说成“不够大度”。于是，我使用了“自黑法”。

“觉得啊，我今天讲的不仅垃圾，而且三观尽毁，是大部分老师不屑讲的内容。可是，同学们，如果我今天讲的是非常‘正确’的内容，比如好好学习、天天向上，你们想坐在这里听吗？”

自黑是一种高情商技巧。很多时候，你越是要守住道德高地，越是在乎你在别人心中的形象，就越让你显得破绽百出，陷入被动挨打的境地。

这个时候自降身份，主动跳出对方给你设的圈套，就尤其重要。

如何避免和强大的敌人同归于尽，关一帆是这么教程心的：

“我知道你想不出来，因为你太善良了。很简单：攻击者首先改造自己，把自己改造成低维生命，比如由四维生命改造成三维生命，当然也可以由三维改造成二维，当整个文明进入低维后，就向敌人发起了维度打击，肆无忌惮，在超大规模上疯狂攻击，不需要任何顾忌。”

通俗地说，把自己抬得高，就会处处受到制约。把自己降低一点儿，就可以疯狂攻击，不需要任何顾忌。

泰戈尔在《园丁集》里也说，我把我的痛苦说得轻松、可笑，因为怕你会这样做。我粗暴对待我的痛苦，这样你便不会发现我的弱点。

泰戈尔很早就发现，诙谐与不羁才是面对生活最安全的方式，而幽默是最安全的保护色，能坚固地将你与伤害隔离开来。

《天龙八部》里武功深不可测的扫地僧也只是自称“区区老僧”。

一个真正的高手，即使是说自己“只有织鞋贩履之能，鸣金打更之志”也是带着自信的笑容的。往往到最后你会发现，他其实文武双全。

这个世界有太多自以为是的人，所以能自黑的人，都是生活里真正的强者。

PART

2

好好说话，高情商精英的必修课

高情商的人，是怎样“好好说话”的

| 01 |

同样的一段话，有人能用它改变命运，你信吗？

考研分数线一出来，我的邮箱里就塞满了调剂信。

原因是我的导师的好多重磅论文，通讯作者都是我，联系邮箱留的也是我的。主要是投稿时，很多审稿专家的意见，确实很奇葩，所以往往由我先过滤一道，再提交导师修改。于是，很多考生的调剂信就发到我这里来了。

其实我的导师的研究方向每年都很抢手，有一年甚至达到四十比一的录取比例，一般是不接受调剂的。对于这样的邮件，我只能回他们一个导师的正确邮箱。不过我知道，导师没什么时间看。

但有那么一位同学的调剂信，我不仅破例将它转发给我的导师了，而且更神奇的是，我的导师最终还真录取了她。

为什么呢？

80% 的考生，调剂信都是这么写的：

“你好，我叫 ×××，我毕业于 ×××，原本报考 ×××，估计分数不够，想调剂到您执教的专业，不知道您有没有名额，我的成绩是 ×××××。”

这样的调剂信，我的第一感觉就是群发的。就像你追了一个女神，被女神给拒绝了，于是你只能降低要求追求别人。这样的人再优秀，也很难有女生接受。因为但凡有点自信的女生，都不会觉得，她比所谓的女神要差。

调剂也是这样，你必须解释一下，你退而求其次选择我的原因是什么？难道仅仅是因为我的分数线比那边低吗？如果是，对不起，我拒绝，我也是有人追的好不好？

梅同学的调剂信是这样写的。第一段她也是写了自己的基本信息。但第二段，她写道：“通过网上查阅和学姐介绍，知道老师您风趣幽默，学术底蕴丰厚，一方面我对老师您的口碑和人气十分驰往，另一方面我不想放弃学习心理学的梦想，所以我希望调剂到贵校深造。”

接着她列举了导师的一些研究，显然是看过导师的著作，引用的一句名言，还是我的导师做讲座时的口头禅。

最让我高兴的是，她还写道，我的导师的研究覆盖了哪些人群，她打算如何扩大下受众类型，还打算将导师的研究同她的毕业论文结合在一起，形成一个全新的研究方向。

这封调剂信让我感到很亲切，她对我们研究方向的了解就像一个小师妹一样。

既然她下了这么大功夫了解我们的研究方向，我也就想想怎么样用个恰当的方式把她的调剂信转给导师吧，哪怕我的导师不接受调剂。

后来，在一次给导师祝寿的聚会上，她亲切地和我打招呼，谢谢我的推荐。

我悄悄问过导师："您为什么会破例录取她？"

导师说："她的言语智力很高，相当适合做心理咨询。"

所谓情商高，就是懂得好好说话，而好好说话最重要的一条标准就是——心里装着别人。

| 02 |

有一幅搞笑漫画是这样的。

A 说自己之所以有好人缘，是因为他经常邀请朋友去他家带游泳池的别墅聚会，经常开着自己的游轮载着朋友去三亚度假，经常一言不合就发几十万的红包。

于是他问 B："你凭什么有好人缘？" B 说："我靠颜值。"

A 的心灵遭受了成吨的暴击。

其实在我看来，靠别墅、游轮建立起来的好人缘，不叫人际交往，叫"仗势欺人"。

靠在朋友圈里无限发自拍，用美图秀秀把自己 P 得跟个妖怪似的，希望靠颜值去吸引别人，也不叫人际交往，叫"色诱术"。

靠钱累积的朋友，钱尽即散；靠脸吸引来的情人，卸妆即分。当岁月爬上脸颊时，那个曾经最爱你的人，只会陶醉在另外一张脸上。

真正稳定而良好的人际关系，靠的是给予对方情绪价值。

什么是情绪价值？

如果你是我的朋友，每一次你和我交谈，我都能让你对自己更满意一点儿，对未来的生活更乐观一点儿，在压力巨大的生活中更快乐一点儿。

这便是情绪价值。提供情绪价值最好的方法，就是好好说话。

一个没有情绪的聊天只能是尬聊，我说过，聊天聊的不是内容，而是内容背后所折射出来的情感。

低情绪价值的聊天，就像这样的一问一答。

A：吃饭了吗？

B：吃了。

A：吃的什么？

B：鱼香肉丝！

A：谁做的？

B：我妈。

A：你亲妈吗？

B：是的。

A：是生你的那个妈吗？

B：是的。

A：生你的时候疼吗？

B：疼！！！

还有这样忽略对方背后的情绪感受，喜欢对聊天进行“总结式发言”的对话。

A：刚刚看到一句话，游戏掉线了可以重连，女朋友没了可以一直玩游戏（哭笑不得的表情）。

B：说得很有道理。

还有这样不关注对方，喜欢自开话题的对话。

A：你看我的指甲好不好看？

B：我最怕和同学说话了，脱口就出川普！

A：像不像一个老妖怪？

B：老妖怪？谁？川普？

A：去死吧，我和 Siri 聊天都比你有趣。

当我发了某条吐槽的朋友圈后，某读者“安慰”我。

“大师，我知道的，你内心其实还是个孩子，想哭就哭出来吧，会好一点。情绪不要压抑，释放出来会好很多。虽然你看起来很坚强，但是我能感受到你不为人知的悲伤。”

大哥啊，你知不知道“优秀的人，从来不会输给情绪”这句话是谁说的？是我啊！

我“内心其实还是个孩子”，这不是打自己耳光吗？我的这条朋友圈纯粹只是吐槽一下，不要过度解读好吗？

况且能靠哭就解决的情绪，从来都不是什么真正的情绪，人要化解一个情绪靠的是对情绪的认知，而非宣泄。

一段好的亲密关系，最终走向悲剧，往往是从不好好说话开始的。总把消极和负面的东西扔给对方，只会让人感到别扭。

毕竟打着“真爱”的旗号，让别人为你的糟糕情绪和言行埋单，是情商极低的表现。

| 03 |

真正的好好说话，该是什么样子的呢?

我有一个学生毕业了，我也就是在大一教过她心理学，不是很熟悉。一天她来找我咨询，她毕业后，有好几个单位愿意要她，她不知道该如何选择。

我建议选择工资最高的那个，其他因素先不考虑，让供养你这么多年的父母，好好歇一歇吧!

但是工资高的有两家，于是我建议选择休息时间多的那家。

女生不解：“老师，刚毕业不是应该更努力一些吗？你为什么让我选择休息时间多的那家？”

我告诉她，方便她再找一份兼职。于是女生回了我这么一段：“周老师你才华横溢，你又当老师又当作家又当主播，可以兼三份工。而我这样的小菜鸟，恐怕只能多看看书了！”

这个时候我该回什么呢?

首先你要知道这个女生想要什么。

微课直播间里，很多同学说，这个女生有点不自信，她想要一点安慰。

她想要的不是安慰，她想要的是鼓励。安慰是你告诉一个人情况没那么糟，鼓励是告诉一个人“你可以的”。

有同学说，她不想兼职，我应该换一个建议。兼不兼职，此时重要吗？不要总想着帮别人做决定，也不要想着迎合别人的想法。理性的建议太冷，真正的情商高手，从不说冷话。

她想要的是什么？

她想要成为我这样的人。

那么我就给予她这份支持吧！我这么说：“在这个狰狞的世界里，你要在这么多的企业里做选择，就好像与众多怪兽搏斗一样，这样的精神怎么会是一只小菜鸟？况且，我能兼这么多工，不是因为我才华横溢，而是因为我别无选择，在这一层面上，我相信你和我一样。”

大部分时候，人们说出一句自嘲的话，不是为了让你迎合，或者是安慰他，而是为了让你否定这句话，这便是一种情绪价值。

心理作家大将军郭这么说过：提供情绪价值，就是先学会积极关注。

这样做的好处是，你不但能在这个过程中学会如何积极地回应对方，提供高情绪价值，更重要的是，你能渐渐获得明朗而乐观地看待世界的角度，当你变得更积极，你自然能做到提供高情绪价值的第二步——更倾向于提供正面的信息。你会发现值得抱怨的事越来越少，而你想要分享的快乐越来越多。

高情商的人，为什么一开口就赢了，因为他提供的情绪价值，是无价之宝啊！

人与人之间，最大的吸引力，不仅仅是你的容颜、你的财富、你的才华，而是，你传递给对方的温暖和踏实，以及那份正能量。

常说这句话的成年人，多半都废掉了

| 01 |

公孙姑娘是一个知名语言类节目的编导，最近她们上线了一个新节目，她要我推荐嘉宾。

她的要求有：

（1）长得帅，年龄在 30 岁以下。

（2）多才多艺，尤其要有好的表达能力。

（3）要有一份体面点的工作，学历本科以上，研究生更好。

（4）有成为网红的潜质。

可惜啊，要不是因为我不满足第一条要求，我一定亲自去。

这时，我想起了我的好友彭帅。

彭帅不仅帅，而且还是高校老师，名校硕士学历，更是他们学校的各类晚会的主持人，又能唱歌又能弹吉他。很多女生来蹭他的选修课，就为了要他的微信，仰慕他的女生还经常争风吃醋，让他很狼狈。

我多次跟彭帅说，他的这份潜质就应该C位出道。

他告诉我，他上大学时就兼职当模特，要不是父母逼着他当老师，他也有当明星的梦想。

彭帅还打趣地说："你这么红，以后我就抱你大腿实现梦想了。"

结果机会说来就来了！

我当即把彭帅的照片、工作性质和他的艺术特长等资料，全部发给了公孙姑娘。我还特别嘱咐她，如果彭帅上节目了，我这边会帮忙宣传提高热度。

公孙姑娘看了彭帅的情况后很满意，找我要了他的微信号，她要亲自和彭帅谈。

当时我很高兴，结果一个月过去了，节目第一期出来后，我看了下，男嘉宾里并没有彭帅。

说实话，我真觉得第一期的男嘉宾没有彭帅优质。我连忙问彭帅是怎么回事。

彭帅说，公孙姑娘加了他后，简单聊了几句就失踪了。

我说："那你主动联系下她啊！"

彭帅说："我不了解具体情况啊，我到底问她什么啊？"

我说："好吧，我去问问她。"

我发消息给公孙姑娘，她告诉我，彭帅不过关！

哪里不过关？在我看来，无论颜值、口才、个人情况都非常OK啊！

公孙姑娘一字一句地说："参加节目的意愿不过关！"

原来，她对彭帅的情况确实是满意的，但她在选嘉宾时，往往有一个小考验，那就是她会故意失踪，看看候选者能否主动联系她。

因为朋友介绍来的候选者，经常会出现这样的问题：一旦在节目中面临巨大挑战，或者有淘汰的环节，他们意识到自己有丢脸的可能性时，便会以各种各样的原因提前退出节目。

这不仅会浪费节目组为他们精心包装的人设，也会打乱整个节目的进程。所以，总需要众星捧月的嘉宾，她是不敢要的，无论他的条件有多好。

于是，我继续劝说彭帅主动一点儿，但我没有告诉他这是个考验。

彭帅告诉我，他有 A、B、C、D 四件事还没有做，做好了他就去。

“过段时间我再忙这件事吧！”

我不得不承认，公孙姑娘的考虑是正确的。

在我看来，A、B、C、D 四件事不至于忙得连联系下别人的时间都没有。更重要的是，日常工作就能占用自己一切时间的人，要么懒惰，要么效率低。

下班后把足够的时间用于提升自己，这样才能让你走得更远。

日本奈良的鹿，一直都吃不饱，体重只有普通鹿的 60%，健康状况和寿命都非常堪忧。不应该啊，游客天天都给它们喂鹿仙贝，它们不缺食物啊。因为它们真正想吃的是草，而且是森林里植物纤维丰富的野草。为此，有些鹿尝试逃走，甚至做出攻击人的举动。

虽然奈良县开始诱杀逃走的鹿，但由于鹿在很多日本人心中是神圣的动物，大部分鹿成功逃到了森林，并逐渐恢复了健康。

而那些留下来“等一等”的鹿，则永远以亚健康的状态活在公园里，随着岁数的增大，逐渐失去了逃跑的能力。

饭要靠别人来喂的人，永远都吃不饱。而在饥饿面前选择了“等一等”的人，命运总会让他的一切机会变为不可能。

| 02 |

为什么空有上进心的人，永远都成不了行动上的巨人。因为他们陷入了一种“退强攻弱”的恶性思维中。

在很多高校做演讲时，我都要给学生做一个实验。我问在座的同学：“关注新媒体，比如微博、微信公众号、抖音、知乎等的请举手。”

超过七成的学生会举手。

我接着问：“谁愿意做一个内容产出者，我认识一家网红公司，可以把你包装成网红，愿意尝试的请上台来。”

一般情况下，根本没有人愿意上台。

我让同学在纸上写一下，你大脑中“愿意尝试”和“不愿意尝试”的理由。

“不愿意尝试”的理由非常多：

我没有兴趣。

我最近很累。

我父母不太支持。

我的专业不太对口。

我的颜值不够。

我最近忙于学生会的事，没时间。

我这个人脸皮薄，害怕被别人评论。

喜欢上微博、微信公众号、抖音、知乎的人都是二货，我才不跟他们一样。

理由很多，我不一一列举。

“愿意尝试”的理由就非常少了，很多人写不出来，写得出来的大概是这几种。

我想挑战一下自己。

我想让世界听到我的声音。

我想借着某个平台实现我的梦想。

为了我的父母。

对比就可以发现，促使我们尝试一件事的内心理由，往往都大而空，都是些既神圣又伟大的终极动机。

原谅我的直白，“为了爱与和平，为了理想与正义”这种非现实理由，很难在具体的事件上让你产生动力。最重要的是，这种理由有一个极大的弊端。那就是，它们似乎都是长远目标，没有时间限制。

就好比，你想要一个彭于晏式的男朋友，一个年薪百万的工作，一张倾倒众生的迷人的脸，满柜子人鱼色的 YSL 口红。

有多想要?

我想要得不得了!

但是等一等行吗?目前我们先单身、吃着泡面、素颜宅在家里可以吗?

似乎也还是可以的。

那这些事以后再做吧!

结果说着“以后再做”的事，就再也没有“以后”了。

相反，阻止我们尝试某件事的理由，那就强大得多了。不仅内容具体，有时间限制，而且处处针对我们的个人现实情况，根本无法反驳。

所以我们内心的逻辑是:

“做一件事很难啊，要求天时、地利、人和等条件全部满足。这事做成了吧，固然不错，但要是不做的话，也无伤大雅，反正我的爹妈会养活我。况且做不好，还会丢人，算了吧!算了吧!”

为什么空有上进心的人，永远都做不了行动上的巨人?

因为内心中负责“进攻”的脑区很苍白，没有花费大量时间思考，而填充了大量具体信息的“退缩”脑区却十分发达。

| 03 |

为什么在机会面前，我不喜欢“等一等”呢?

因为上天很有意思，一旦你放弃他在命运中给予你的宝贵机会，他就会以最快的速度收回给你的一切天赋，又会以你最意想不到的方式，把恶魔派到你的面前。

感谢我的敌人，他们教会了我一件事。提升自己，并不是一件“锦上添花”的事，而是一件攸关生死存亡的大事。

活在这个世上，虽说性命无虞，但其实仍然有人把枪顶在你的头上。

你必须提升，因为你不知道明天和意外，到底哪个先来。

相信我，你根本等不了。

因为命运无常，所以我锁住悲欢只为变强。这是我的一个很重要的前进动机。

接着，你得学会为“前进”附加更加琐碎而具体的理由，来对抗前半生为“后退”附加的那些因素。

比如，尝试了就可以吹牛。

别觉得这个理由很庸俗，很多时候，庸俗的动机比高尚的更有力量。

我有一个朋友考上某“985 高校”的博士，就是抱着吹牛的动机。由于他的坚定，在失败了两次后，他终于考上了。

又或者，努力了才可以实现自己的小愿望。

有一款游戏叫《英雄传说》，在学生时代，它每次出新，我都买不起，跪求破解组破解。

而现在每次出新我都可以买正版，甚至我还买了自己已经通关的旧作，就为了致敬制作者。

所以，我必须坚持写书，哪怕这真的很累，但省吃俭用买游戏，更累。

在大脑议会里，负责“前进”的声音越多，行动起来就越发不需要意志力，就越容易改变自己的命运。

请学会做一只船，孤独地航行在海上，它既不寻求幸福，也不逃避幸福，它只是向前航行，底下是沉静碧蓝的大海，而头顶是金色的太阳。

好好说话，
才懂得做人的滋味

| 01 |

知乎上有一个问题很火：“年轻人，最核心的能力是什么？”我认为是人际沟通能力，也就是如何好好说话。

《奇葩说》中的黄执中有句名言：懂说话，才懂得做人的滋味。

我们每个人都不是一个孤岛，再内向的人都必须和外界进行资源互动，无论是现实资源还是情感资源。但很多时候，一句话就可能会改变你的命运。

比如，魏徵一句话就避免了被李世民杀头，此后他甚至还备受宠幸。

当我们回头再去想，当时话应该如何说才正确时，多半已经晚了。

建立一个良好的关系，沟通能力最关键。所以，现在你们就要培养这个能力。

如何说话，可以赢得别人的信任？

如何说话，可以更好地和对方达成合作，而不被拒绝？

如何说话，别人才会听，才会改变？

通常别人拒绝和我们来往，对我们冷淡，原因主要有以下几个：

（1）本能的自我保护，墨守成规相对来说比较安全。

（2）对方从你的语言中感受到攻击或者怀疑，从情感上排斥你。

（3）对方的关注点与你不同，而你们未能找到相互理解的方式。

因此，我们需要对症下药，从而走进对方内心：

（1）非暴力沟通，让对方感受到尊重，消除气氛中的阻抗。

（2）用柔性的方式引导对方思考。

（3）理解对方的情绪，充分站在对方的立场上思考。

其实，说句大实话，不知道是不是原生家庭的原因，中国当代人，无论老少，言语里的潜在攻击力都很强，总是让人感到不舒服。大家好像都有一个错觉，只要声音大，对方就会听话了！

| 02 |

“命令式口吻”在当代人的沟通里极其普遍，不管双方是何种关系。

好像我们都急于在对方面前展现权威似的。

事实上，对人语气越强烈的人，其内心越不自信，更加害怕被对方拒绝，也更容易被对方拒绝。

比如，作为一个老师，很多同学会邀请我去参加他们的社团活动。

他们的开场白通常是这样的："老师，我们想邀请你参加明天晚上的社团活动，请问你有时间吗？"

大家也许觉得这句话很客气，完全没有攻击性。

但从被邀请的一方的角度来看，这句话其实是隐藏着傲慢的。那就是，如果你明晚有时间，就必须来参加我们的社团活动！

当然，我知道学生并不是故意的，而是他们长年累月的错误沟通习惯导致的。

从我的立场出发思考的话：我确实非常忙，但时间也还是可以挤出来的，而对于这件事我倾向于拒绝。

人是一种奇妙的生物，如果摆在我们面前的只有"接受"和"拒绝"这两个选项，我们往往会选择"拒绝"。

一方面是因为人是生而自由的，天生就有抵抗命令的倾向，无论我们的关系是不是上下级。

潜意识里，我会这么认为："我去了，就是向你低头服输了！"

当然，人是不喜欢低头的。

认识自己和他人的潜意识，是良好沟通中最关键也最难的一步。要知道，一个人 90% 的决定，都是在潜意识的辅助下做出的。

另一方面是因为人还有一个潜意识，"不安全就不做"。如果我们不能确定，接受对方的请求是安全的、快乐的，那我们通常会拒绝请求。

因为我们本能上的自我保护认为，拒绝虽然没有风险，但也避免了可能会导致的伤害。

而同学对我的这个请求，有一个很大的弊端就是，他没有说清，社团活动邀请我到底是去干什么。

虽然我可以猜到，也许就是坐着鼓鼓掌，看看表演。但万一要我发言，要我现场唱一下《沙漠骆驼》，八卦下某明星家暴的事，或者要我整晚守在学校呢?

这些事不确定，我真的倾向于不去。

但我又不想一一询问同学，因为我也不一定能精准地发现，我对这个活动的担忧到底在哪儿？所以我选择不去。

即便我明白同学说得如此简单，可能是因为面对我有点胆怯。也有朋友认为，同学之所以说得这么简单，本来也就是意思下请请老师，我们不去，他们玩得更开心。

可以肯定的是，这种请求法，大多数人是不会接受的。即便你用了敬语，语气也客气，但仍然充满了给对方的压力，增加了对方的抵触感。

| 03 |

下面我教大家一个正确的沟通方法——“WWRO”模型，即What，Why，Recede，Option。

前面案例中的同学，可以这么对我说：

“老师，我们有一个社团活动，希望您能参加。”（What，什么事）

“这次活动希望您能在开场时发个言，因为社团的人都是您的粉丝。”（Why，什么原因）

“如果您的时间比较匆忙的话，您可以参加完开幕式就离开。”（Recede，退让）

“如果您实在是没有时间的话，不妨给我们写一段话，祝贺我们活动成功吧！”（Option，备用选项）

这种沟通模式的好处就在于：

（1）给了对方选择的空间，不仅让对方有了掌控自我的感觉，还让对方觉得你能站在他的立场上思考问题，比较体贴。

（2）讲清了事情的主要内容，并为对方参加你的活动预留了后路，这就会让对方觉得，参加你的活动是安全的。

比如，你想约人共进晚餐时，你可以说：

“我知道有一家餐厅的三层滚刀肉很好吃，你周末想不想出来和我品尝一下？如果你事情多，我可以点一个外卖给你，但似乎没有现烤的味道棒！”

这么说，对方赴约的概率就比较高。

因为你给了对方选择的空间，把“来”或者“不来”的纠结选项，隐约换成了“现场吃”还是“外卖吃”。这个小暗示，就会让对方倾向于选择“现场吃”，对方就赴约了。

又比如，领导让我写论文去参加省里的征文比赛。

“周老师，周末省里有个征文比赛，你看你是重新写一篇交上去，还是把你去年写的文章，再补充点内容？选择权在你，我们不要求一定获奖，重在参与。”

其实，这么说和“周老师，麻烦你在周末以前写篇论文交上来，这是任务”相比，要委婉好听得多，虽然我确实没法拒绝。

所谓“懂说话”的人，能让别人更好地体会“做人的滋味”，也能把这种奇妙的体验分享给其他人。

懂得“好好说话”的人，也就真正理解了喜怒哀乐，这才是真正的“好好做人”。

最高级的教养，就是说话前“多想一点儿”

| 01 |

我们时常听到这样一句话：

“她这个人啊，就是说话难听，其实她人不坏。”

我们要是反对这句话，就会被人说“没有修养”，不理解别人对我们的善意。

然后他们又会抬出类似“良药苦口利于病，忠言逆耳利于行”一类的话来搪塞你，丝毫不想改变他们的口无遮拦。

我讽刺挖苦你，那是因为我“好心指出了你的缺点”。

我侮辱伤害你，那是因为我“不小心说了真话”。

我嘲讽打击你，那是因为我“真心为你着想”。

其实，说话难听的人，就是坏。刀子嘴豆腐心的人很少，玻璃心的人却很多。

他们对你和对这个世界的恨都是真心的，他们期待厄运降临在你的头上。当看到你摔得血肉模糊时，他们脆弱的自尊又再次得到了保全。

好友珍妮乔有过这么一段话。

不会好好说话、对他人施加言语暴力的行为被套上“都是为你好”的面具肆意横行，却终究掩盖不了其本质上所体现出来的低情商和低素养。

有些和你特别亲密的人，他们真正为你考虑，不过是用戏谑的形式表达出来。这种人的表达形式和“嘴巴毒”有显著区别。

导师说：“你不要一天自称‘大师’，你就是个心理学工作者，低调务实一点不行吗？要不要我给你买个喇叭，天天对着全校师生广播？”

我说：“师父，我这个是‘喵大师’啊。其实这无所谓啦，对于那些不喜欢我的人，无论我是啥都入不了他们的法眼。”

导师说：“你成绩斐然，这点大家有目共睹，上次我还听××老师夸你。但我担心你过早自称‘大师’，会抹杀你不断提高自己的潜力。”

可以看出，因为我的导师和我关系铁，所以一开始说话时，确实没有太多注意。

可当他从我的话里隐约感觉到，他给我的建议似乎打击了我的自尊心时，他会修正他的说话方式来照顾我的感受。

是啊，如果一个人连“自己的话会给我带来伤害”这一点他都完全不知道，我有什么理由相信，他是替我着想，他是为了我好。

他在我身上用了心，能注意到我注意不到的缺点，却偏偏忽略了我此时的心理感受。难道这不是一种自相矛盾吗？

| 02 |

有一个有趣的现象。

当年我身边说话能够“多想一点儿”的人，如今大多前程似锦。

我身边身居高位的人，不管他是否真的友善，很少有说话难听的。

可以这么说，跃升阶级一个必备的技能就是，多为别人考虑一点儿，别人才会听你的话。

因为一些个人恩怨，我时常在学校教师群、论坛等一些地方公开反驳某个曾经想毁灭我理想的人。

很多人都劝我不要这样，即便是我也隐约感觉到这样不好，但我看见她的发言就生气。

有人劝我：“你应该感谢她，她用特别的方式帮助了你，成就了你今天的辉煌。”

可是她不是善意的啊！

不听！

有人劝我：“别这样，这样对你不好，也许大家会对你有看法。”

战斗了这么久，我早就不担心“别人的看法”了。我只想更多地去了解别人，不太在意别人怎么看待我。

不听！

有人劝我："如今，你远比她强大了，就不要在乎她了！"

这就奇怪了，我比她弱小时，我动不了她。我比她强大时，我又得原谅她。好像伤害别人完全没有代价啊！

不听！

这里面的大多数朋友，反倒被我说服了。他们不仅认为我的做法正确，甚至有的想起自己被人欺负的样子，号啕大哭起来。

但某位领导的一番话，却让我彻底改变了做法，他是这么说的："确实，年轻人满腹才华，如果因为个别人的原因就被浪费了，这是我们学校领导的失职。那除了在公开场合和她发生争执，你还有什么好的方法可以让自己消消气？毕竟，我们都是高级知识分子，有没有更体面的方式可以达到你的目的？"

所谓话有三说，巧说为妙。

领导这番话的技巧在于：你并没有做错，我也不是要你改正错误，而是要你调动自己的智慧，选择更为高尚和有效的做法。

别人为什么不听我们的建议？因为我们的建议中包含了隐性攻击。

在家庭关系里，妈妈经常会这么吼孩子："你这个懒鬼，居然连自己的房间都不收拾干净，还不赶快动起来！"

其实我们知道妈妈说的是对的。但此刻如果立刻照她说的做，就默认了一个事实，那就是：我是个懒鬼。

之前朋友劝我的话，我之所以不听，也是因为，如果我改变了自己的行为，就等于承认自己"小心眼"。

有时，维护自己的观点，不是因为我们真的觉得它无懈可击，而是为了维护自尊。

所以情商高的人在说话时，会先保护你的自尊，再提出他的观点。

你必须确保一件事，对方即便是听了你的意见，改变了现在的行为方向，他的行动依然是正确的。

| 03 |

再给大家举个例子。

金博士是一位优秀的青年学者，是学术界冉冉升起的一颗新星。可惜他的个人问题实在是很难解决。

据说有一次他去相亲，看到姑娘后很满意。于是他立即离开咖啡厅，从车后备厢里拿出一块化石和一把铁镐，丢到桌子上，和姑娘介绍了一下午“寒武纪化石的形成与发现”。

如果你想每天晚上听恐龙的故事，你嫁给他准没错。

相亲失败次数多了以后，金博士开始拒绝一切热心人士为他张罗的相亲。你和他提这事，他和你急。

要知道，他之所以不愿意去，不是因为他“醉心科研”，也不是因为他“没时间”，而是你一说这事，就会刺痛他的内心——他缺乏应对女孩的社交技巧。

而某位领导对他说的一番话，就恰到好处地保护了他的内心，同时给了他建议。

“金博士，像你这样优秀的老师迄今为止依旧单身，这是我的失职，也许是我给你派了太多的工作，让你无暇考虑感情，这我得向你道歉。但是我有时候在想，事业和爱情真的不能兼顾吗？”

你可以看出，领导在交流此类问题时喜欢先把责任归到自己头上，这就极大地保护了对方的自尊。

他也不会直接给出建议，而是用诱导的方式，期待他想要的正确答案从你嘴里说出。

所以，一个人修改了行为，不是被另外的人说服的，而是他凭着自己的智慧，自己调整了战术。

心理咨询师胡慎之有一段话我很赞同，在控制、服从、对立这样的关系里，只会充满“你对了”或者“我错了”，这样权力式的交流方式是很伤人的。

所有不伤感情的关系，只有在合作和自我负责的状态下建立才能长久、和谐、稳定。

会说话，是一个家庭最好的风水，也是一个人最极致的修养。

高情商的成功者，都懂得有效社交

| 01 |

有句话非常有哲理：

高端、有教养的人，大都相互支持，抱团发展，因为他们懂得你好了大家都好。

层次越低的人，越是喜欢互相诋毁嫉妒、拆台、鄙视，因为他不好，他也不想让你好。

所以，影响一个人的首要因素是境界及思维，和一群有同样格局和思维的人一起前行才是最重要的。

这句话可以从社会心理学经典理论中得到解释。

先举个例子。

今年春节，出现了一个新的现象。那就是，大家对跨年档电影的关注远超以往。

郭帆的《流浪地球》、宁浩的《疯狂的外星人》、韩寒的《飞驰人生》都是大众一致称赞的好电影。

而这三部电影在刚上映的头几天，票房竞争可以说是异常激烈，从微博打到豆瓣，甚至波及了知乎。

所谓商场如战场，三位导演本该是杀红眼的竞争对手，但他们却在微信、微博等各种平台，互相点赞。

首先是导演郭帆感谢宁浩。因为宁浩不仅亲自在《流浪地球》中客串群众演员，甚至把《疯狂的外星人》中的太空舱和衣服都借给了《流浪地球》用于拍摄。

其实，《流浪地球》里客串的导演不仅有宁浩，还有《绣春刀》的导演路阳，以及张小北和张子贤。

可以说，郭帆是一个非常善于搞好平行关系的人。哪怕在这些平行关系里，很多人是竞争对手。

宁浩在和郭帆聊天时说道："《流浪地球》看了！牛！满工活儿，情感也重。导演三蹦子骑得也快，稳了！"

可以看出，宁浩和郭帆是真心互相欣赏的。同时郭帆赞扬韩寒：三天一秒没睡了！

韩寒也回应郭帆，评价《流浪地球》是：国产硬科幻的元年，中国科幻电影的里程碑。

三人抱团点赞后一个重要的结果，就是三部电影的粉丝，在关注了导演的微博后，都去看了这些被导演称赞的片子。

真心希望所有同行都能够像他们这样亲近友好，因为在大多数情况下，朋友真的比努力重要得多！

| 02 |

为什么优秀的人总是能看到别人的优秀，甚至抱团取暖呢？

这里要先说一个理念——邓巴数字定律，由英国进化心理学家罗宾·邓巴提出。

即我们每个人只能有大约一百五十个朋友。这是因为大脑皮层只有这么大，它所提供的认知能力只能维持这么多人。

这个限制是很难突破的。所以，微信上那些点赞之交，并不算朋友。

一个组织要是超过一百五十个人，就会不稳定。

“邓巴数字定律”告诉我们，一个人不可能有许多朋友。所谓朋友遍天下，不是一种诗意的夸张，就是一种浅薄的自负。因为君子之交淡如水，真正的友谊是不喧嚣的。

其实你从来也没有失去过朋友，只是随着年龄的增长，你懂得了，谁才是你真正的朋友！

这一百五十个好友，分为四个层级。

第一个圈子：密友。

有五到十个人。包括亲属和伴侣以及患难与共的生死之交（比如刘关张）。

他们和你的联系很紧密，却未必对你很了解。但对你的影响是巨大的。遇到重大事情时，最能依靠的，恰恰是这些人。

这个圈子的人是非常固定的，外人很难进入，里面的人也很难出去。

比如，刘备封五虎上将时，关羽一听名单就不满意了，他说："翼德吾弟也；孟起世代名家；子龙久随吾兄，即吾弟也，位与吾相并，可也。黄忠何等人，敢与吾同列？大丈夫终不与老卒为伍！"

大概意思是，张飞和赵云是他弟弟，马超家世显赫，而黄忠就是一老兵油子，凭什么要进我们的圈子？

后来有人劝他，国事和你们的圈子应该分开，你和刘备关系还是铁的。关羽这才罢休。

由此可见，这个圈子是排外的。

第二个圈子：好友。

十五到二十人。

这个圈子的人，主要是你选择的。而选择的依据则是，三观相合。

可以说，这是你主要的社交圈。遇到重大事情时，部分人是可以依靠的。但他们主要是给你意见，以及为你加油打气，同你分享喜怒哀乐，从精神层面给你支持。

第三个圈子：普通朋友。

三十到四十人，互动多，却没有情感联系，而选择的依据则是由于利益绑定在了一起，这个圈子一般是同事或同行。

第四个圈子：泛泛之交。

人数一百到一百五十个。

几乎没有互动，有互动的，是你打算往前三种关系发展的。

| 03 |

邓巴教授认为，高情商的人之所以能有效社交，不在于扩充三个圈子的人数，而在于如何准确对待这三个圈子的人。

第一个圈子，决定了你的归属感。很多人感到孤独，就是因为第一个圈子的关系处理失败了。人之所以在亲密关系中感到备受煎熬，主要是在和这个圈子里的人互相伤害。总感觉对方可能离不开自己，于是任性、随意，说话毫无顾忌。这是一种错误的行为。

对第一个圈子的人要：关爱并信赖。

第二个圈子，决定了你是否快乐。

他们要同你分享你的喜怒哀乐。遇到问题时，他们可以给你提供真诚的建议。但太多的人喜欢跟这个圈子里的人发生利益纠葛。

很多人想不明白一点，这种行为其实是一种降维打击。因为当大家都赚钱的时候，彼此好感度虽然有所提升，关系却不可能亲密无间。

而当对方开始用利益的眼光来看你，你们的关系就会很快掉入第三个圈子里，你的好友就丢失了。

对第二个圈子的人要：尊重对方的感受。

下面就是关键所在了，决定一个人事业高度的，主要是第三个圈子——同行以及同事关系。

邓巴教授认为，我们需要花费 60% 以上的精力去处理这三个圈子的关系。但第一个圈子羁绊强，第二个圈子三观合，并不耗费精力。你主要的精力，是放在第三个圈子上的。

和这个圈子的人来往，就必须把互惠互利放在第一位。

当代人在这个圈子里所犯的最大错误有两个。

（1）把同事关系当密友关系来相处。

江湖人称：付出型人格。

满足对方一切要求，生怕对方和自己有半点疏远。一旦对方拿终结亲密关系来威胁，自己就可以毫无保留地被对方榨干。

当你被对方榨干后，会发生什么呢？你对对方来说失去了价值，再也无法提供利益，最后关系结束。

（2）把同事关系当好友关系来相处。

江湖人称：长不大。

动不动就对别人进行道德绑架，标准台词是："你为什么不在意我的感受？你为什么不帮我？"

有句话说得好，成年人，请在做完自己的工作之后再崩溃，而很多刚入职的大学生，却把职场当成了情感宣泄的地方。

| 04 |

学生思维的人意识不到，第三个圈子的人，是要换种思维去相处的。

准确来说，就是你为别人创造了多少价值，决定了别人对你的态度。

郭帆、韩寒、宁浩，徐峥、沈腾、黄渤，他们就精准把握了关系的最好相处模式——互惠互利。

为什么低层次的人喜欢打压别人，而不是互惠互利呢？

因为他们的认知过于狭隘。

确切地说，在他的世界里，只有你和他。打倒了你，他的自我就稳固了。他根本不知道天地有多大，或者是他根本不想知道。

社会心理学家费斯廷格把这个叫作认知失调。

如果你身处这样一个环境，我建议你尽快脱离。

认知失调是会传染的，你会不由自主地降低自身认知，以适应低认知环境，减少自身与环境的冲突，而这种做法对你而言也许是致命的。

有一句话是这样说的：我以为别人尊重我，是因为我很优秀。慢慢地，我才明白，别人尊重我，是因为别人很优秀。真正优秀的人，懂得看到别人的优秀，更懂得利用别人的优秀。

PART

3

掌控情绪，才能掌控人生

情绪调节得有多好，人生就有多高

| 01 |

在我一直以来的印象中，秦博就是一个情商很高的人。

但前几天，他在会上因为议题没有顺利通过就破口大骂的事大家都传遍了。

我实在不理解秦博的行为。难道他被情绪所蒙蔽，一时冲动所致？我决定约他出来聊聊。

聊完之后才发现，是我对情绪的理解太肤浅了。

对秦博来说，最重要的真不是那个课题，而是他做课题时的热烈感和迫切感，这种不顾一切要实现自己理想的冲动，会帮助他正面突破眼前的一切难题。

这在心理学中被称为“内隐情绪调节”，内隐情绪调节的内部机制是自动反向调节，它能让个体的情绪保持平衡，具有自我保护作用。

当你对某种社会现象感到绝望或者恐惧时，你可以把你的感觉表达出来，用一些情绪标签定义你的情绪体验，结果也许会引发与原本的刺激相反的反应。

这是“内部情绪调节”的重要策略“情绪标签法”。

通俗地说，正面对抗是要有点艺术的，要学会“拉大旗做虎皮”，情况合适就立即给别人“戴高帽子”，不仅能增强正面与对方抗衡所需要的心理自信，更能避开在对方已经构建了完美防御体系的地方作战。

当秦博把自己的愤怒用得如此艺术而有魅力时，我只觉得他帅气。

大脑永远是主观的，永远是归你自己去塑造的。

所有的利益较量，其实都是智慧的较量，但没有情绪支持，大脑没法把最好的智慧拿出来。

| 02 |

现在的人总认为，“情绪好”的人，都是一群没有负面情绪的人。遇到事情不会动怒，碰上强敌不会恐惧，人生受阻时不会绝望，被人抛弃时不会难过。相反，他们的正面情绪是无穷的。一点感动就流泪，一点友好就掏心掏肺，一句鸡血就光芒万丈，一句安慰就烟消云散。

实际上，情绪回路越简单的人，他的情商就越低。

比如，“绝望”这种情绪为大家所诟病，鸡汤文里经常有这样的句子：“你的人生一定不要绝望。”

其实“绝望”是很有用途的，它可以帮助你降低对某些人或事的期待，帮助你用最坏的打算来应对可能出现的最糟糕局面。

在一次优秀评选中，我本来得票第一，但是最终宣布结果时，一个基本没啥票数的老牌大咖突然抢了我的冠军，我只能沦为第二。

长辈打电话安慰我说："不要难过，以后还有机会，大家知道你是第一就行了。"

我立即就笑了，我大脑中一点难过的情绪都没有出现，为什么？因为我绝望啊！

即便因为某些情况显得结果不公正，那我也是第二啊。得第一的人，好歹也是辉煌过的人啊！

在某些单位，你哪怕在网络上有千万人气，也丝毫动摇不了你讲课是该校倒数第一的现状。

所以，"绝望"不是完全没有好处的，它会避免你陷入一些无意义的担忧里。

真正伤人的不是"绝望"这种情绪，而是当"绝望"出现时，人们担心自己失去了更多的时间，流失了更多的力量。

当你绝望时，你不妨给自己打上几个好的标签，比如"破釜沉舟""韬光养晦"。

豆瓣 9.1 分的韩剧《迷雾》里的主角就有一段内心台词可以用来诠释绝望。

"这样的绝境我遇到过几次，穷途末路又无法后退的这种情况，我从来都没有逃跑或是躲避，绝对的正面突破，要么你破碎，要么我破碎。"

她这段话激发了一个“绝望”的新功能，那就是：当人绝望时，可以解除自我设限，做一个与平时不一样的自己。

| 03 |

任何一种情绪都是有价值的，就像一颗颗子弹必须不断打磨、不断微调尺寸和强度，才能精准地突破逆境。

如果你把原始情绪直接丢出，那无论它是正面的还是负面的，都只会伤害武器本身，也就是你的身体。

虽然情绪调节行为本身可能需要一定的认知资源，如自我反思当前的情绪状态，并用言语表达出来，但是就调节情绪这一过程而言，它是自动化、习惯化的过程。

研究证明，当一个人对情绪进行重新评估，最后形成了全方位立体思考的结构方式，这将大大提升被试者情绪反应的效率和速度。

比如，司马懿在前期任职时，当亲人被抓，总是到处去求人。这时，他被委屈和恐惧所支配。

一心想提拔他的荀彧看不下去了，怒骂他：“你要知道，能改变曹操决定的，不是证据，不是自我牺牲，而是形势！你想救回亲人，就必须看清形势后，进行造势。”

此后司马懿的亲人再出事，他总是第一时间告诉自己的儿子“越是危险，越要冷静”。片刻之后，他就知道这个死局该怎么破解了。

这便是情商高的一个表现，内隐情绪调节自动化了，便不再需要忍，不再需要压抑。

最新心理学研究发现，抑郁症、易激惹、易冲动在很大程度上是内隐情绪调节系统异常导致的，因为情绪回路错乱了。

人有情绪，情绪的外泄，倘若只是一味地散发，只会浪费时间。我们不能否认情绪的产生，也不能抵御它的来袭，我们唯一能做的就是，让情绪走一条它该走的路。

心不动，则动亦静；心动，则静亦动。

清清吧，别让
拉黑你的人占空间

| 01 |

有一天，一个叫桃子的网友加我，好友申请里写明，她喜欢我的文章，是我的忠实粉丝。我当然立即就通过了她的请求。

成为我的好友后，她连发了几个激动的表情，然后开始说起自己的故事。似乎她上大学以后，朋友就越来越少。我给了她一些建议，她高兴地说，我是她这辈子最崇拜的人。

几个月后，桃子发来一长段信息，开头显示“我想你了”。我内心暗自窃喜，脑补出一段明星作家和迷途少女，两人相知相恋的狗血电影。

可惜梦无情地碎了，接下来的内容是：想证明我在你心中的位置，给我发个红包就知道了。

2.2 一起玩耍

5.2 亲密好友

8.8 心灵深处的人

13.14 陪伴我一生一世的人

33.44 永不分开的恋人

……（后面不列举了）

发完红包后，我也会告诉你，我对你的感觉。

桃子的消息，就好像一块蛋糕摆在你面前，但吃进去就是一股“翔”味。我当然知道桃子是群发的，我是非常想迎合她，但很明显她在我心目中只是一个读者。

我问她，我是她这辈子最崇拜的人，她该发给我多少？

桃子的回答干脆利落，她无比真心地回我：“请问，你是？”

对于一个自媒体人来说，粉转路人，再正常不过了，于是我也没回她的消息。

又过了一个月，桃子再次给我发来消息，内容是：

清清吧，不要让拉黑你的人占用你的空间，您也试试吧，复制我的消息，找到微信里的设置，通用，群发助手，全选，复制粘贴消息发送就行，谁的名字变色了，删掉就行！不用回，清僵尸粉。

终于，我从一个“这辈子最崇拜的人”变成了“僵尸粉”。估计桃子的朋友圈里爆发了生化危机，到处是“僵尸”。形势这么凶险，我也不好意思再占用她宝贵的手机空间，就默默地删除了桃子的微信。

我原本还抱有一点希望，她某天会想起我，然后加回我，但最终希望落空。

我不会告诉桃子，群发是清不了人的。群发出去的信息，根本没有发送报告，之后会提示你谁谁收不到信息，然后提示你重新验证或者删除对方。

我不知道微信为什么不设置成 QQ 那种——你删除对方后可以从对方的好友列表消失。我想最大的原因并不是怕麻烦，而是拉黑你的人其实占用不了多少手机空间，拉黑你的人最占用的是你心里的空间。

| 02 |

群发短信的人，一定是不懂人情世故的，否则他们必然会明白：人际关系同人性一样，是禁不起检验的。测试的结果，唯有绝望而已。

有一个笑话是这么说的。一家人为了测试入赘女婿的爱情忠诚度，派了漂亮的小姨子去勾引准姐夫，小姨子假装邀请姐夫上床，姐夫二话不说逃出了家门。

在家门口，妻子流下了感动的眼泪，当全家都为这个男人的品性自豪时，男人在心中默默地说——事实证明，把套套落在车上是多么重要啊！

如果我是这个男人，我第二天就会退婚，不会因为侥幸而沾沾自喜。因为这个家族的套路，会是婚姻不幸的根源。

微博上也有用美女帅哥去检验自己恋人是否忠诚的业务。也许他们不明白，测试的结果无论忠诚与否，测试本身就是对两者关系极大的毁灭。

搞个群发，基本上就是向对方赤裸裸地宣告：你删我没啊？你要删我，我就马上删掉你啊。本来没有删除的好友，看到这样的测试，干脆心一狠，删掉吧。

所以，这类好友测试，本身就非常不友善。任何人际关系都是需要尊重和引导的，每一段苦心经营的关系，都是在不越界的情况下，一点一滴为双方创造价值的。

正如一个合理的社会脱贫方式应该是，建立最基本的社会安全体系，同时保有社会竞争上升通道，资源入口向全社会开放，使得个人能保持正常思维，有尊严地生活。

如果你把某个口子放开，把人的欲望和道德放在一个天平上去测试，得到的结果只会触目惊心。

人性如此，人际关系亦如此。不要在人格上轻易怀疑别人，不要在识见上过于相信自己。

| 03 |

好友测试还体现了发信息的人自卑的一面，他表现了某种内心独白：我已经没有朋友了，你们不要删我好吗？

有一类关系是强关系，比如患难与共的战友，家族世交，血脉亲人等，这类关系不需要检验，因为他知根知底。哪些人靠得住，当事人是心知肚明的。

而微信好友，它是一种弱关系，朋友圈的很多好友只是一面之缘，甚至素未谋面。这类半生不熟的关系联结力是很弱的，整体来看，黏性不强。

搞得好，会发展成熟人；搞不好，则会沦为陌生人。故此，关系非常敏感和微妙，可能因为一个观点，甚至一个嗜好不同，便会拉黑乃至绝交。

况且你拉不拉黑，还不是一样的没人联系你。好友测试，证明不了你在别人心目中的位置，只会让你离你所渴望的亲密关系越来越远。

因为它的结果只有两个：

（1）别人早就把你删了，哭去吧。

（2）别人还没有删你，现在别人有理由删你了。

某些喜欢好友测试的小伙伴，我想大声告诉你：你只有在群发好友测试的时候，才想得起我吗？我每天看你的朋友圈，希望了解你，甚至想和你成为亲密恋人或生死兄弟，而我对你而言，只是一个烂头像是吗？

我教你一招，你实在要测试，聊上两句便心中有底。实在不会，你可以发红包啊！

我们都只喜欢喜欢我们的人，而那些害怕被人抛弃的人，终将被人抛弃。

| 04 |

罗曼·罗兰说过，世上只有一种英雄主义，就是在认清生活真相之后依然热爱生活。而生活的真相之一就是，这个世界你并不需要太多的人喜欢你。真正内心强大的人，是不会因为几个人删除了你，就失去了自我价值感的。

别人删你，一定有他的理由，多半是因为你对他不再具有价值，这跟你本身没有价值是有很大区别的。实际上，真正有价值的东西，是不能轻易提供给别人的。

所以那些群发的人，别魔怔了，与其害怕被删，不如大胆地和这个世界“发生关系”吧。就像萤火一般，也可以在黑暗里发一点光，不必等候天亮。

你不需要寻找爱情，只需要不断去爱；你也不需要成功，只需要去做；你更不用拼命强大，只需要不断成长。

最后，如果有一天你能不用讨人喜欢，即便朋友圈里躺着一堆把你删除的人，但你还能不断地和人建立关系，我相信，你一定是这个世界的英雄。

嫉妒，是检验修养的“试金石”

| 01 |

曾有一张小学三年级家长群的聊天记录截图走红网络。

事情的起因是，有一些家长反映某位有钱的家长开跑车接送孩子。他们认为这样不太好，会引起孩子们的攀比心理。

老师在群里把这个意见反馈给了该家长，其他家长七嘴八舌地对这位家长说，再有钱也要低调一些。不就是送个孩子嘛，普通点的车也行啊，反正你们也不差钱。

这位家长据理力争，认为，我辛苦赚的钱，又不偷不抢，给孩子最好的有什么不对？更何况，就算我不差钱，我也不愿出钱买辆普通车，就为了迎合你们脆弱的自尊。

让他万万没想到的是，在他说了这些话之后，他就被群主移出了群聊。被踢群的他说出了广大网友的共同心声：有病吧！

如果按照我的观点，这真的有病，这种病叫“不能正确使用嫉妒”。

一提到嫉妒，大家都把它归为一种极度糟糕的情绪。然后什么周瑜嫉妒诸葛亮被气死的例子就被搬出来了，也不管这符不符合史实。似乎成熟的人是不会嫉妒的，一切都云淡风轻。

我与大多数心理老师观点不同的是，我认为情绪没有好坏之分，能量也不分正负。

情绪只是一个传令官，真正让你生活变糟糕的，不是负面情绪，而是你对负面情绪的解读不够。你把情绪戒了，就好比，你把传令官斩了。

只可惜这个传令官是很执着的，白天进不来他会晚上托梦给你，表面意识被压制了，他就去你的潜意识里作乱。丢掉嫉妒就好比，看到一盆水很脏，就把里面洗澡的婴儿一并倒掉了。这无异于自废武功。

嫉妒，是一种非常重要的情绪，它在告诉你，你真正想要的东西是什么。

人是一种奇怪又复杂的生物。当有一些东西很想要，但是又得不到时，人会回避、扭曲，甚至自以为是地消除自己的内在需要。

比如，我们是很想要钱的，可是当我们得不到钱时，我们就告诉自己，钱买不到一切快乐。

这句话没错，但我们不能否认一个事实。有钱，在大多数情况下，是比“没钱”要快乐很多的。

这种自我逃避也并非完全没有意义，它能暂时压抑住欲望，维持你的自我价值。但这种自我逃避用太久的话，人就会一直维持原状，迟迟不去争夺自己想要的东西，眼看着自己的力量一点点在内心中失去。

为此，我经常提醒我的学生："最怕你碌碌无为，还安慰自己平凡可贵。"

但如果教育和心理学都已经无法改变你坚持已久的"不上进优越论"时，情绪的终极大杀器——嫉妒，就会闪亮登场。它告诉你，你饿了，你需要吃东西。有些东西，你放不下，放不下，放不下。

| 02 |

情绪是一把"双刃剑"，无论是正面情绪还是负面情绪都是这样。

嫉妒的两面性就在于，它可能会唤醒你内心的真实欲望，鞭策你为了实现理想不懈奋斗，学习被嫉妒对象的长处。

也可能会引发你对某些无关之人的仇恨，因为他拥有了你想要而得不到的东西，你想攻击他，剥夺他的价值，哪怕这种价值不会转移到你身上，至少你能维持住自己的内心价值。

心理学家把前一种创造性嫉妒称作"善意嫉妒"，把后一种攻击性嫉妒叫作"恶意嫉妒"。

心理学家托马斯·布拉斯（Thomas Blass）、巴特菲尔德（Butterfield）等通过多项调查结果发现，在生活中，能更好地运用善意嫉妒的人，才能获得更高的社会地位和财富。

在“开跑车接小孩被踢出群”这件事中，所有家长和老师，考虑的并不是这种行为会引起攀比心理。而是这位开跑车的家长再次引发了他们的生活焦虑，使得他们在孩子面前丢了面子，因此要逼着这位家长降低身段，为的是维持他们的自尊。

知乎网友说得好：这位家长真的错了，因为他选择了一个和自己的认知和地位不匹配的学校。

中国有一句名言：越是优秀的地方，大家越是互相成就。越是愚蠢的地方，大家就越是互相踩踏。

从心理学上来解释，优秀的人，普遍使用的是“善意嫉妒”。相反，另外一群人使用的是“恶意嫉妒”。

当发现身边一个人有卓越之处时，优秀的人立即抱团，统一力量来排挤外来势力，巩固自己的阵地。愚蠢的人，当发现身边人有卓越之处时，恨不得立马把他踩死。

为什么？因为我得不到的东西，你也别想得到。这便是心理学家认为的，人之所以会有“善意嫉妒”或者是“恶意嫉妒”的一个关键——自我评价。

当一个人觉得他能更加优秀时，他更倾向于激发善意嫉妒。

当一个人觉得自己也就那样了，他们就更倾向于激发恶意嫉妒。

顺便一提，作为一名专科学校的心理老师，我曾经在知乎发表了很多文章。在我累计获得近三十万粉丝后，我遭到了“××帮”一致的批评。因为我写的东西不够学术。

但我真的很欣赏“××帮”对于本校校友的维护和赏识。虽说在我看来，也许他们和我一样，彼此看不懂对方到底在写什么，但他们真心觉得他们所有人是有才华的，并竭尽全力想要维护这个团体。

如果你真是个有才华的人，一定宁在凤尾，也不要当鸡头。因为凤凰和鸡，在对待嫉妒这件事上，态度是截然相反的。

| 03 |

《笑傲江湖》里，令狐冲从来都没有得罪过林平之，更是对《辟邪剑谱》毫无兴趣，虽然林平之还抢走了他最爱的小师妹。但林平之却恨死了令狐冲，因为嫉妒！

林平之曾说：“令狐冲，你在江湖上呼风唤雨，出尽了风头，今日却死在我的手里，哈哈，哈哈！”

当然，结局大家都知道了，一个死状悲惨，痛失一切；另一个成为武林盟主，无数美女钦慕。

为什么？因为他们两个在“面子”这些事上，有着截然不同的看法。

令狐冲在打败东方不败后，东方不败道："令狐冲，你剑法极高，但若单打独斗，也打不过我。"

令狐冲道："正是。其实我们便是四人联手，也打你不过，只不过你顾着那姓杨的，这才分心受伤。阁下武功极高，不愧称得'天下第一'四字，在下十分钦佩。"

东方不败微微一笑，说道："你能这么说，足见男子汉大丈夫气概。"

林平之在打败了任何敌人后，都有一句话，×××，任凭你××××，又怎能和我家的辟邪剑法相比?

由此可见，令狐冲从来都不需要外界对他有多高的评价，他懂得尊敬和欣赏对方。而林平之不仅以自我为中心，还妄自尊大，追求整个武林对他的追捧。

令狐冲不需要这样，他有酒就够了。

按照心理学的解释，令狐冲是个内在评价机制者，自我价值不受外界评价所动摇。林平之是个极度渴望外在评价的人，这使得他的自我脆弱不堪。

心理学家曼弗雷德·凯茨·德·弗里斯（Manfred F. R. Kets de Vries）通过研究发现，"面子机制"是引发两种不同嫉妒机制的关键。外在评价的人，很容易触发"恶意嫉妒"。

古人云，心性决定了命运。其实是，情绪处理方式决定了命运。

嫉妒，是一个人成熟的终极"试金石"。在真正成熟的人眼中，嫉妒是一座看得见的灯塔。在狭隘的人眼中，嫉妒是潜藏在心中，时刻会被唤醒的恶魔。

用好情绪这把“双刃剑”吧！

所谓情商高，
就是心里装着别人

| 01 |

“德不配位，必有灾祸。”这句话大家非常熟悉，但更多的人把这句话理解为“宿命论”！即德行不好，人又身居高位时，上天就会惩罚你。

其实不然，这句话是有科学依据的。

我可以从社会心理学的角度来为大家解读。

“德”是什么？

德的本意是“七曜（日月金木水火土）的运行”，后来引申为顺应自然、社会、人类的客观规律去做事。

老子认为“德善”是：圣人无常心，以百姓心为心。

所谓“德行”的关键在于：一个人能够在恰当的时候、恰当的关系模式下，说恰当的话，做恰当的事。而这种恰当，是基于他人的感受和动机的。

而“德不配位”则指的是，一个人的社会适应能力，无法应付他现有的较高的社会层次所必须处理好的社会关系。

这样的人能取得高地位，多半是借助了外力作用。而一旦社会关系崩溃，那么，无论多强大的外力，都无法拯救他。

社会心理学家、被誉为“21 世纪社会学之父”的哈佛大学教授查尔斯·蒂利，也有这样的论断。

我们微观的社交行为，构成了整个社会体系。一个人如果无法从复杂多变的社会关系里正确了解对方的理由，继而做出正确的互动行为，那他不仅社会关系会被破坏（人设崩塌），他背后的社会组织都有被瓦解的可能。而人之所以会发生这样的情况，则是因为他没经过修炼。

| 02 |

查尔斯·蒂利在《为什么》一书中提到了人际互动的四种基本模式。

惯例、举例、准则、专业表述。

这里的惯例，指的是一般的问候，比如：“今天你吃饭了没？”

惯例没有什么实际意义，不足以影响你的人生，这里我们先不提。

举例、准则、专业表述这三种模式是否能准确运用，是一个人最基本的情商。

我们来模拟一个情境。

某天，一个疑似自闭症的中学生来我这里咨询，我发现他之所以有问题，主要是家庭原因。

妈妈问我："孩子今后还有救吗？"

我告诉她："我有个表弟以前也这样，后来父母换了种方式和他沟通，他就逐渐开朗了，现在都成为金牌房屋中介了！"

我的方法就是在举例，也称故事法。

举例的关键在于，用通俗易懂的小故事、小事例，让对方了解内情。

接着孩子爸爸问我，能不能告诉他，孩子到底和我说了什么？

我告诉他："作为心理咨询师，我有保密义务，孩子和我说的话是不能告诉你的，我违反的话要被吊销资格的。"

这样的方法叫作准则。

准则的关键在于，为自己的行为赋予正当性，用权威规定来应对那些知识经验难以接受你解释的人。

听到这是规定，爸爸就放弃了！

最后孩子的舅舅凑上来，用客气的语气问我，他们带孩子看过很多医生，很多医生都给孩子开药了，我为什么不给孩子开药呢？

我告诉这位舅舅。首先，孩子本身没有器质性问题，其次，孩子所有的异常行为都有明确的诱因，最后，心理咨询师没有处方权。这样的方法叫作专业表述。

专业表述是要使用行话的，目的是排除那些非专业人士对你的质疑。

它力求精准和严谨，如果对方不理解，你确实可以换更通俗的方式解释，但这样对方也就没法从更深的角度对你发出质疑了。

同样的情境，我如果胡乱使用回应模式会怎么样呢?

妈妈问我："孩子今后还有救吗？"

我来准则："对不起，孩子的情况没有彻底摸清之前，我无法对孩子贴标签，并给你一个结论性的答复！"

妈妈一听就急了，以为孩子真的没救了。

爸爸问我："孩子和你说了什么？"

我来专业阐述："信任是心理咨询的关键，破坏信任就破坏了咨询关系，我泄露孩子的对话，孩子可能会对我防备，因而不会吐露心声……"

爸爸不高兴地说："老师你告诉我，我们不告诉孩子不就行了！"于是我还要告诉爸爸一大堆不利因素，最后爸爸对我不信任了，认为我在找借口。

舅舅问："为什么不给孩子开药？"

我来举例法："我有个表弟，以前也没吃药就好了，这次孩子也不用吃。"

你信不信，明天我就会接到这家人的举报和投诉。

应对模式的胡乱运用，会直接导致个人的社会关系崩塌。

我对妈妈使用举例，因为妈妈沟通的理由是"了解情况"。对爸爸使用准则，因为爸爸的理由是"企图违规"。对舅舅使用专业阐述，因为他的理由是“质疑我”。

查尔斯·蒂利认为，一个人如果过于迷信某一种应对方式，不屑理解对方的理由，不愿意改变自我和学习多种模式，那这个人迟早会完蛋。

| 03 |

明星刘谦，也经常遭受质疑。

每年春晚的魔术都要被人从头到尾扒个精光，不把原理和秘密刨根问底绝不罢休。“用托说”“换壶说”……众多指责和辱骂声多次把刘谦送上热搜。

刘谦是怎样化解质疑的呢？刘谦说：“大家可以批评我的人格，但是请不要质疑我的业务能力。”

其实，刘谦是不方便用专业来解释自己并没有用托的。因为，魔术的具体技巧是不能暴露的，这是业界法则。

但刘谦换了一种方式表达专业性。

“我在专业上付出过巨大的心血，也获得了国际的认可！”

确实，他获得了 FISM（世界上最具权威性的魔术联盟组织）颁发的十年一度的亚洲魔术师大奖。

十年一度，要付出多少心血和精力，才能捧起这座分量十足的奖杯。

他为魔术付出了三十五年，超乎常人的热爱和执着支撑他走到现在。现在却有人用所谓的“真相”抹杀他三十五年来无数个日日夜夜付出的满腔热血。于心何忍呢?

于是，刘谦得到了大多数人的理解。

归根结底，为什么刘谦会选择正确方式呢?

查尔斯·蒂利认为，真正成熟的人，都是尊重陌生人的。

因为他们知道，要让一个人相信你，最重要的是你能厘清你们双方的关系，而不是你多么富有口才。

这也是所谓情商高，就是心里装着别人。

查尔斯·蒂利也说道：“了解别人的‘为什么’，远比你的话术重要得多。”

很多人是不愿意学习沟通技巧的，他们只愿意固守自己常年的坚持，或者从父母身上学来的老一套。但我相信，我们心中是有爱的。

为爱学会温柔，为爱学会改变，期待有一天，我们再也不会因为口出狂言而遗憾终生。

PART

4

亲密关系，找到通往爱和幸福的桥梁

我化好了妆，却没有约会

| 01 |

在情人节即将到来之际，朋友圈弥漫着一股焦虑的杀伐之气。

大部分人前几天发的朋友圈内容还是“春节到底胖了几斤”“赵雷的成都到底有多棒”，这两天突然摇身一变，开始标榜自己是单身狗，各种嘲讽情人节的段子频频出现。

很多姑娘在吐槽自己找不到男朋友的同时，破天荒地放上了自己的自拍。

当然是化了妆的，估计还 P 了两个小时的图，乍一看你根本认不出是她。

向来标榜自己是“直男”的小黑发言了，小黑说：“快拉黑这些发自拍的人，太过分了！吃个饭发自拍，出去旅游发自拍，连遇上车祸都发自拍，难道车祸现场在她脸上吗？”

看来小黑单身三十年，确实是有一定实力的，不过也不用为他愁，毕竟他也习惯了。

我对小黑说：“姑娘化好了妆，却没有约会，妆那么贵又不能浪费，那只好自拍喽。”

其实我想说，你与其拉黑她们，不如邀约她们，特别是情人节这种人心浮动的日子。

我有一个习惯，如果和姑娘约会时，她化了妆的话，那我不仅会抢着埋单，还会在走时送她一个礼物，无论她和我聊不聊得来。

因为我觉得，姑娘化妆本身就是一种高付出，至少我本人是很难分清“眼线笔”和“遮瑕膏”有什么区别，“玫瑰红”到底比“洋红色”红多少的。

现在的女生都太难追了，但我个人有一个小技巧，如果女生某个时段，自拍突然变多，而且化了妆，那你约她的成功率会高很多。

女神兰姐的一番话比较符合女生心理，她说：“有时候化妆和自拍也不完全是给男生看的，是希望自己照镜子时精神满满。最重要的是，既然化了妆，那就得强迫自己出去溜达一圈，宅久了会生病！”

| 02 |

进化心理学有一个观点，其实人类从一开始是没有颜值一说的，但在漫长的进化过程中，人类对身体吸引力——尤其是男性对女性的身体吸引力形成了偏好，因为身体吸引力是女性身体健康和繁衍能力的典型信号（比如长发、丰满）。

即便当代男生更看重女生的性格和修养，但老祖宗的某些想法，潜伏在我们内心深处，因此很多男生还是会集中偏好特定的某一些人，比如网红脸。

女生很难理解为什么，据说某些来自男生基因的观点认为，网红脸的女生比较耐饿，养得活。

然而可悲的是，女生化好妆，突然发现自己没有男朋友，也没有约会。

男生们总说，自己喜欢素颜的女生，反感浓妆艳抹。其实他们是自欺欺人，他们只是喜欢素颜也很美的女生。

不过，我认为大部分人遇不到这种女生，他们更不明白女生有一种伪素颜妆，化起来比浓妆还麻烦。

当然，男生们很难明白也不愿明白的一点就是：女为悦己者容，一个女生愿为你梳妆打扮，实在是一件再幸福不过的事了。

| 03 |

不过嘛，就算没有约会，照样是需要化妆的。美国心理学教授费马老师，曾经用很巧妙的方法告诉我，自我展示是一件非常重要的事。

一天，费叔在进行完白天的学术演讲后，晚上神秘地给我打电话，让我带他去昆明最热闹的酒吧玩。

“要去喝酒吗？要不，我再叫几个朋友？”我问他。

“不，我们是去约会的，就你和我。”费叔说。

听到“约会”这个词时，我凌乱了。不过 date 也还有其他翻译，是不是我英语不好，没理解对？管他的，去看看老外葫芦里卖的什么药。

挂电话前，费叔还让我打扮得时髦一点儿。

来到酒吧，费叔穿了一身与年龄不匹配的 Hip-Hop，我则穿一身休闲装。点了两杯酒后，他说：“渔老师，我们俩来比一比，看谁一个小时内要到的女生电话号码多！”

肥胖的外国中年人还敢跟我比，简直太看不起我了。不过我有点害怕被打，忸怩了好一阵才出发。

一个小时后，我要到两个，费叔要到五个。

我问他：“这是锻炼我的自信吗？”

他说：“No！”

“这是拓宽我的人际交往吗？”

“No！”

“这是为了研究新的搭讪技巧吗？”

“No！”

“那是为了什么？”

费叔说：“是为了看清 Who you are！”

| 04 |

这时，费叔讲起了心理学中的“镜我”概念，据说这是他爷爷的理论。刚才被他搭讪的几个女生还饶有兴趣地过来听。

在一般情况下，人是高度关注自我的，但这种关注局限于自己的视角，就会有盲点。

如果一个人过于相信自己的视角，就会无法形成良好的自我意识，无法规范自己的行为。

你周围的人，和你有利害冲突的人，他们对你的看法是带有自己的期望的。人如果过于迎合这种期望就会扭曲自我。

而陌生人则不一样，他们不用掩饰自己的情绪，一切凭自己的感觉，除了简单的礼节外，相对约束较少，他们就是你最好的“镜子”，在他们眼中，你能找到更真实的自己。

在后面的聊天中，我更是在心中连扇了自己几个耳光。我逢人就说，我是一名大学老师，因为我觉得这个身份能让别人尊重我，但也说明我在内心中充满了自我限制。

费叔明明是个教授，但他却对陌生人宣称自己是魔术师，并且能从女孩眼中看出她是什么星座。其实他经常猜错，但姑娘们却对他很有好感。

接着，费叔告诉我，“约会”是需要“化妆”的，这个“化妆”不是对脸，而是对内心，这叫“理想我”。

于是我明白了，化妆不在于用多么高档的化妆品，而在于你对自己有多少的期望。不化妆就出门，有时候并不是朴素，而是一种自暴自弃。

化好了妆，却没有约会，其实完全不用担忧，因为这个世界就是一场约会。人生到处是机会，我们要随时化好妆。万一胡歌突然出现了，你的素颜会吓到他。

这四个话题，让你的相亲秒变有趣

| 01 |

对于相亲，我像关雎尔一样，内心一开始是拒绝的。

愿得一心人，最好不相亲。

然而，我的观点还没有维持一个月，就被好友赵博士的研究彻底打了脸。

根据赵博士的研究，近五年来，自由恋爱的青春男女离婚率很高，而通过相亲后在一起的情侣婚姻却要稳定得多。

我虽然非常想吐槽他，但他的研究结果是可信的。也许，自由恋爱的多半没有经过感情磨合期，双方多是冲动结婚的，所以离婚率高。

相反，相亲认识的多半都是在自由恋爱中已经伤透了心，另外家里人给的压力也大，要求相对较低，所以比较稳定。

问题并没有那么简单，我渐渐发现，相亲其实是一次情感的巨大挑战。能过了这道关的人，感情攻击力将飞涨，主要有以下两个原因：

（1）近年来，相亲对象中“质量”偏高的人占的比例越来越大，有些人又漂亮又聪明，却出来相亲，大多是要求过高，很难相处的。

面对这些人的挑剔，本身就是一种极大的挑战。如果表现好，得到了这些人的认可，心理收获是巨大的。

（2）相亲多是长辈介绍，长辈的审美眼光实在让人无法接受，同辈推荐的人则要好很多。

这么说吧，相亲是一面镜子，你在别人心中什么样，看他们推荐给你的人就知道了。

如何与异性交流是个麻烦的问题，公众号里有很多读者留言求助，于是我写出了这篇相亲攻略。

| 02 |

还有比国内流行的查户口式的相亲更让人无聊的事吗？

如果我们把相亲看作是一场和陌生人浪漫的约会，那你就不会排斥了吧！

在很多电视台的相亲节目中，男女嘉宾往往和对方还没有聊上几句，其中一方就拔腿走了，弄得节目组异常尴尬。

节目组往往只考虑了双方的条件，却偏偏忽略了一个重要问题：恋爱这件事，心理成熟度远比自身条件更重要。

对着摄像机，谁都没法进行一场无聊到脚指头的约会。

男生 18 岁就可以当兵，但 22 岁才可以结婚。可见，结婚过日子可能是一件比战争还要残酷的事情。

我有一个朋友是著名财经评论员，当他聊起财经来，群里的姑娘几乎都沸腾了。各大银行经常请他做讲座，有时他的一篇财经文章阅读量不到三万，却可以逼得某些大企业哭着求他撤稿。

都说财经女人心，可我这位朋友的感情却不大顺利。

因为他一到女孩子面前，就再也不是那个言辞犀利的财经大师了，而是变成了老师面前的三好学生。

他很怕把约会搞砸，给女孩留下不好的印象。所以只能讨论一些保险话题，比如学校、工作、家庭等。

特别是见到漂亮的女孩，更是害怕一句话暴露了自己，怕对方知道自己长年单身，怕对方知道自己曾经被前任无情抛弃，怕……

越是这样恐惧就越是会让异性讨厌，尤其女孩的这种感知能力可能超出你的想象，如果是感情经历丰富的女神更是能立刻洞悉你内心的软弱。

所以安全话题，只会让这份情感终结。讨好的做法不能产生吸引力，吸引力需要神秘感。

| 03 |

很多相亲攻略对于言语吸引力这点总是一笔带过，那是因为作者并不懂。

那些懂吸引力的“大神”总是独占着优质异性资源，而且并不愿意拿出来分享。

很多人在妈妈教的爱情误区里一困就是一辈子，如果你受够了乏味的单身生活，可以和我一起选择改变。

（1）放弃安全话题。

第一次相亲或约会到底应该如何撩妹或者撩汉？请把女神当成你的粉丝来交谈，把男神当成认识你几十年知道你有脚臭的老友来交谈。

这样做，你就会很有优势，对方会用崇拜的眼神看你，而且知道你没有一点遮掩，会喜欢你坦率的作风。即使对方不同意你对某个问题的看法，也会尊重你的想法。

《欢乐颂》里，关雎尔使用英语和对方交谈，以避开父母的霸王相亲。其实我觉得，双方都能用英语，这么默契，干脆在一起算了。

相个亲，有点真本事就拿出来啊！

（2）讲一个好故事。

展现自己价值观和独特思想的最好方法莫过于故事了，会讲故事甚至已经成为现代社会的核心竞争力。

聚会里，会讲故事的人经常成为主角。最怕你碌碌无为，却安慰自己平凡可贵，没人喜欢自己的恋人平凡无奇。一个没有故事的人，在我看来几乎就是已经死亡的人。

你的人生里一定有什么闪光点的。很多搞笑幽默 APP 里，也有很多不错的故事，可以拿过来学习。

但故事一定要真实，虚假故事只会让人反感。

故事不要长，突出重点，更不要炫耀。下面说一个我自己的故事：

“你知道吗？大学期间我曾经是网瘾少年，但现在我却是治疗网瘾的心理专家！大学期间，有位导师让我给一个沉迷《魔兽世界》的少年做心理辅导，结果我没把他治好，却把自己治好了。有时，世事就是这么无常。”

（3）借题发挥。

相亲不要一上来就问人家在哪里工作，感觉很势利眼。鉴于我们整个群体的恋爱段位普遍较低，我还是教教大家如何幽默应对这个话题。

比如别人问我：“你在哪儿高就？”

假如我回答：“我是一名大学教授！”这样显得比较高端，但一段靠身份优势获得的爱情必定是一段自卑的附庸爱情，我不推荐。

假如我回答：“我在昆明某高校任职！”这种语焉不详的话题只会引起对方警惕，对方进一步追问也会很尴尬，更要避免。

怎么回答呢？可以利用谐音故意曲解她的话。也可以使用夸张技巧，把话题变得幽默。如果问：“你在哪里高就？”你就说：“你怎么知道我舅舅很高。”如果问：“你是做什么工作的？”你就回答：“我是一名特工，我的任务就是把我的思想装进学生的脑袋里。”

请记住，幽默是一个人心理强大的外在体现。

（4）讨论爱情。

很多人这辈子和喜欢的人不能在一起，最大的原因就是永远停留在友谊区。他们觉得撩妹或者撩汉显得很冒犯，像流氓。

这真是天大的误区，文艺界公认的女神三毛，她的撩汉功力可不是一般高啊！

荷西问三毛，你想嫁个什么样的人？三毛说，看着不顺眼的，千万富翁也不嫁；看着顺眼的，亿万富翁也嫁。

荷西问，那我这样没钱的呢？

三毛叹了口气，要是你的话，只要够吃饭的钱就够了。

三毛只使用简单的两句话，就把荷西撩得感动不已。既没有让大家觉得她是拜金女，又充分表达了自己的爱情观：喜欢就是喜欢，有钱也好，没钱也罢，才不会因为世人的眼光改变自己的初衷。

这个时代，爱情是需要主动的，无论男女。

但主动追求爱情，并不是主动表现自己。爱情其实是不需要追的，爱情需要双方主动构建互相吸引的力场，这里面有很多学问。

总而言之，约会和相亲时，停止查户口式的无聊问题，忘掉那些教你察言观色的言论。

“希望你不要介意”这样的话永远不要说出口了，说你想说的，不要总想着迎合别人。

女生不拜金，男生不要总想着靠礼物讨她欢心。

男生也不是纯粹看脸，浓妆艳抹对你的感情并无帮助。

把相亲当成一次展现魅力的表演，老怕搞砸，就无法创造吸引力。

其实，不仅仅是相亲，即便是我们的整个人生中，我们最应该做的事情也应该是，认真地做好自己啊！

真正的女王，都有十足的底气

| 01 |

3 月 8 日是妇女节，恐怕这是中国最奇怪的节日了，因为在各种媒体的宣传中，你几乎看不到“妇女节”三个字，有的只是“女王节”“女神节”“仙女节”“公主节”。

奇怪了，法律规定 14 岁以上的女性统称为妇女，难道这一天女生们都集体下凡渡劫，只剩下一群儿童在朋友圈里发自拍了？

也许女性的生长确实是违背自然规律的，所以当一群女中学生自称“本宫”时，二十多岁的女生一律自称“宝宝”。

其实，也不怪女生们不愿意当妇女，“妇女”这个词已经逐渐被当代社会“污名化”了。一提起妇女，大家总会联想起“毒舌妇”“八婆”的形象。即便传统文化里刻画的妇女都是贤妻良母的形象，也依然被当代仙女所不屑。

敏姑娘和我说，25 岁以后，女生恨不得几年过一次生日，更何况妇女节这种一听就老气的节日。

我告诉她，三毛说过，当我们面对一个害怕的人，一桩恐惧的事，一份使人不安的心境时，唯一能克服这种感觉的方法，便是面对它。

那么，现在你再想想，做一个“永远只有 18 岁的少女”，到底会让你变强还是变弱?

当刺杀金 ×× 的特工被描述为“1988 年的中年女子”，朋友圈的女性几乎炸锅了，想到自己被贴上了“中年女子”的标签，顿时花容失色。

她们很难明白金 ×× 事件发生后引发的一系列事情，而这些事情对将来所造成的影响，远比岁月爬上她们的脸颊要严重得多。

不过嘛，当代媒体只鼓励女性做“自己世界的女王”，要永远“貌美如花”，喊着“要抱抱、要举高高”的口号，永远做一个在八音盒里跳舞的小公主。

谢谢媒体的好意，但我想对女孩们说，假如你真的经历了三世雷劫，已经飞升上神，你一定会明白一件事，那就是：从踏入社会的那一刻起，你就不会完全被这个世界疼爱了。

我个人有很多标签，比如“青年学者”“畅销书作家”“网红”等，但我最满意的一个却是“向这个世界露出獠牙的人”。

我可不希望有什么“獠牙节”，我希望能划进这个群体的人越少越好，因为这是我独一无二的称号，所以也就不存在什么歧视不歧视的问题。

当一个人知道自己为什么而活，他便可以忍受任何一种生活，因为无论哪种生活，都是一生与世界的抗争。

那么对你而言，是妇女也好，是女生也好，重要吗？

| 02 |

当代女性正在被糖衣炮弹所腐蚀，她们完全忘记了，人间只是一场戏而已，只要有一颗出离的心，那么戏服和角色都是随自己挑的。

“你负责赚钱养家，我负责貌美如花”，实际上是一种女性主体意识的倒退，再一次把女性拉回到“男主外，女主内”的老路上来，甚至更卑微。

心理学家彼特·格里克（Peter Glicke）和苏珊·菲斯克（Susan Fiske）在 1996 年的时候提出了一个“矛盾性别歧视”（ambivalent sexism）的理论。他们认为，性别歧视分两种，敌意的和善意的。

敌意性别偏见主要是通过贬损、敌对、厌恶等形式抨击女生，如今这样露骨地攻击女性的言论已经不多见了。

而善意的性别偏见主要是通过爱护、欣赏、照顾等形式抨击家庭主妇等传统性别角色，表达一种“女性是很柔弱的，需要男性精心照顾”的观点，再次固化“男强女弱”的观念。

因此，善意性别偏见并不意味着一种思想解放或政治进步，它反倒是把性别间的差异扩大化了。通过一种表面的善意，用女性更加接受的方式，让性别层次合理化。

但有趣的是，那些持续发出善意性别偏见的女权号真的是“善意”的吗？很遗憾，并不是。

梅丽莎·谢泼德（Melissa Shepherd）等人的研究发现，持善意性别偏见的女性对自己的身体接受性很低，怀有很高的身体羞耻感（body shame）、身体客观化（body surveil-lance）和身体监视行为（self-objectification）。

她们不断告诉你，正所谓“窈窕淑女，君子好逑”，要在男人的世界里成为“女神”，或者要当被男人宠爱的“女儿”，变美是获得社会权利最方便的路径了。

这样的女性会过度迎合男性的审美需求，过度注重自身的外貌而忽视自身才能，刻意追求自己的外表，盲目崇尚瘦弱、骨感、貌美。

可当理想自我和现实自我出现差距时，她们会盲目购买一些所谓“女人最好的春药”来提升自己的吸引力，一时间口红和名牌包瞬间脱销，情感号主在种草的过程中，赚得盆满钵满。

这个世界上最厉害的陷阱永远是温柔的，对于某些人而言，女性不过是一个上了发条，就会照固定轨迹转动的漂亮玩具罢了。女性真正应该追求的是成为一个人物，而不是他人之物。

我想，真正灵魂有香气的女子，是一个生活多样化的人，而不是貌美如花，供男人付费赏玩的花瓶。

这个世界从来没有什么“值得呵护”，除非你和它抗争到底，但遗憾的是，有些人明明站起来了，却总以为自己还跪着。

2019 年妇女节，百度的 LOGO 就很对我的口味，它体现了一个女性内心的丰盈。

真正的女性不仅内心从容，还要有十足的底气。

| 03 |

心理学家认为“角色预设”是一个人发展的心理阻碍，当外界没有按照你的预期去演绎你的剧本时，你会受伤难过。

即便生活的轨迹如你预期的那样进行，你也会因为个人意志被集体意识掩盖而丧失主观能动性。

所以你不需要当女神，也不要被“公主”这个名号绑架了人生，越是抬高就越是自卑。

岁月给我们的，永远不只有朱颜改，还有丰富的阅历和成熟的智慧，内心从贫瘠到丰盈从来不是什么值得后悔的事。

当你拥有岁月赋予你的洞察力时，你会发现，妇女和女生，男性和女性的差别并没有这么大。因为这个世界实在太多样化了，同一群体之间的差异太过巨大，以至于两个群体之间似乎又变得相似了。

一个人的出现和离去，不会因为你在哪个路口说的哪句话就能改变。一个人对你的态度从来都不取决于这些，你认为自己是个什么样的人，那就是什么样的人。

时光这件事，你从来都没法让它倒流。你权衡把控的，只会是节奏，不会是结局。所谓命运就是，无论什么身份，我们都会义无反顾地相爱和分开。

谁都想停留在自己最棒的时代里，可是，去演完你正常的人生大戏，做你该做的事情，那才叫成长。

婚后，有一种心理病正在毁灭女人

| 01 |

许多家庭暴力事件，令人费解的地方都是——在这些案例里，妻子赚的钱远远超过丈夫，而丈夫往往好吃懒做。

既然妻子并不需要丈夫养活自己，可为什么还要逆来顺受，从未想过自己早该远离这样的心理与身体的双重伤害呢？

也许她们害怕。事实表明，“离开”不会终止对方的暴力，却会使对方的暴力加剧。当女人用“离开”这样的词刺激到男人时，那些男人会展开愤怒的报复，不仅对她们，也对她们的家人。

许多男人会威胁自己的妻子：“如果你离开我，我就伤害你父母和咱们的孩子。”并且事实证明，许多男人也真的这么做了。

但这里存在一个逻辑缺陷，歹徒用人质要挟别人就范时，有一个前提是，人质是在歹徒手里的。

歹徒若是有一分钟没有劫持人质，估计立马就被爆头了。

显然，丈夫并不能时刻都在掌控自己的孩子或者家人，难道一点逃跑的空间都没有吗?

也许她们是为了孩子。很多妻子认为，一旦自己离婚，孩子就会失去父亲的陪伴。她们害怕孩子会因此失去完整的家，导致心理出现问题。

但这个理由也不完全说得通，如今的孩子虽小，却也懂得察言观色。他能从细微之处看出父母的关系是否亲密，能看到这个家庭是真的幸福还是名存实亡。

对于孩子来说，“完整”不一定意味着“温暖”。

孩子们宁愿在单亲家庭里相依为命，也不愿生活在“为了你才不离婚”的道德绑架里，更不愿生活在充斥着冷淡和暴力的“完整”中。毕竟假单亲家庭比离婚更伤害孩子。

如今，“90 后”们闪婚闪离也不是件稀奇的事，社会对离婚也不再持批判态度，况且，即便有一些闲言碎语，它们比起家暴的精神折磨，实在是不值一提。

曾经法律方面的空白让家暴猖獗一时，如今《反家暴法》推出，家暴时报警，警方不得再以“你们自己家的事”为理由拒绝出警了。

许多明星被曝出家暴后，人气一落千丈，如今社会对家暴的谴责是非常严厉的。可是仍有相当一部分女人主动为家暴者开脱，帮助其逃避法律的惩处。

法官“杀不死的阿朱”在知乎上分享了一名被打断鼻子的妻子写给法院的“请求撤案信”。

但“故意伤害罪”是国家公诉案件，这封谅解信显然是无用的，最后法院认为情节太过恶劣，暴力倾向强，依旧给予重判。

反家暴，一句“你为什么不离开？”是远远不够的，这背后有很复杂的心理原因。

| 02 |

有一位长辈常年战斗在反家暴的前线，她不断为遭受家暴的女性提供法律上和心理上的援助，已经帮助上百名女性脱离了家暴的噩梦。

在一次聊天中，她告诉我，女性脱离不了家暴的主要影响因素是经济、孩子或者社会偏见等。

长期遭受家暴的女性都有一个严重的心理障碍——对男方无条件地心存幻想。

她们渴望把一段充满伤害性的关系，经过重重考验后，最终变成一份充满爱和温暖的真挚感情。

她们相信，那个把自己打得伤痕累累的人，有一天会幡然醒悟，用尽一切去弥补自己的过失。

她们会选择求助，甚至会选择报警，但她们只是把这种行为看作是给对方的一种考验，仿佛对方经历了这一切后就会发生变化，变得珍惜自己起来。

家暴只有零次和无数次的区别，受害者纯粹是自己在内心上演了一场原谅大戏。

顺便一提，家庭伦理剧似乎都是这么个套路。

比起离开所带来的不确定感，留下来继续受虐要更容易一点，毕竟被伤害，早已经是家常便饭了。

受虐女性综合征原是一个社会心理学的概念，由美国临床法医心理学家雷诺尔·沃柯（Lenore Walker）医生提出，后来被引申到美国司法当中。

美国司法界人士和心理学家达成共识，在长期的家庭暴力之下，一个受虐待女性不离开的理由甚至可能不是心理原因，而已经是病理原因了。

在这样的病理条件下，被害人的谅解行为法院可以不予考虑。如果被害人惊恐过度，对施暴人进行了人身伤害，法院不予追责。

在家庭暴力循环理论中，包括四个步骤，并且它是无限循环的，受害者将会一直停留在这个怪圈中：

（1）不安增加。

（2）暴力发生。

（3）施暴者道歉，但会继续暴力行为，此时的暴力行为和受虐妻子的行为毫无关系。

（4）暴力后的“蜜月期”。

在使用暴力后，施暴者会表现得非常温柔，给受害者制造许多浪漫温馨的幻象，两人似乎又回到了最甜蜜的时期。这时受害者就会觉得他还是爱我的，只是打我的时候他太生气了，他以后一定不会这样了，于是重新陷入循环。

那么，怎样做才能防止出现这样的心理问题呢？

| 03 |

心理学家发现，一个人在出现受虐症状以前，必然伴随着个人价值的丧失。

当一个人想虐待另外一方时，必然会用一些巧妙包装过的话语来抹杀对方的个人价值。

被导师无限压榨的石博士和我说过，他之所以这么做，完全是“为科学献身了”！

我告诉石博士，“为科学献身”是指自己的智力如果投资到商业、官场、娱乐圈的话，会得到大量的金钱、权力、名声，但为了造福人类却放弃了这一切。

他整天为导师报账、替导师写材料的行为，只能算“为导师献身”，如果他有一个自己的科研天地，他能做出更多有价值的成果。

“年轻人要学会坐冷板凳”，是说年轻人不要浮躁，要用充分的成绩来证明自己。不是说年轻人要把精力用于伺候老员工，看他们的脸色。

换到家庭里，那就是“没了这个家，你什么都不是”。

其实这个歪理根本不堪一击，但很多人就是这么不知不觉地把这种抹杀个人价值的歪理、潜意识输送到了妻子心中的。

请学会在生活中抵制一切试图让你放弃自我意识的狗屁思想，要知道，灌输你这种思想的人，是在为虐待你做准备。

“家暴”一词，因为“暴”前面加了一个“家”字，便立马变得格外隐晦，且很容易无解。实施家暴的人，无论拥有着怎样的受教育程度，都会在被发现、被质问的关头喊出同一句话，我教训我自己的儿子，我管我自己的媳妇儿，跟你有什么关系啊？这些人横眉立目的样子，好似一条独自占山为王的疯狗。

可是，你是否想过，这样一个糟糕的人，也配宣称拥有你吗？

妈妈情绪稳定，是对孩子最好的教养

| 01 |

2018 年春晚，王菲和那英合作的一首《岁月》惊艳了大家，王菲自 2010 年春晚的《传奇》后，再一次展示了她深厚的唱功。

王菲和那英早在 1998 年春晚就合作了《相约九八》，当时两人还正值芳华，那时王菲的丸子头造型还引得大众争相模仿。一转眼二十年过去了，两人又再度为大家献唱一首《岁月》。

在岁月面前，王菲从来没有失去过气度，反而多了一份自信和成熟。

转眼间，王菲的女儿窦靖童也长大了，就在王菲参加完春晚后，窦靖童在微博上发了一张她的老照片，还加上了一行字："看见没，这是我妈，牛逼不？"

显然，在窦靖童的心中，这个离婚多次的妈妈，依然是她内心最为骄傲的"天后"。

为什么呢?

陈小霞说过:“王菲有个特别的地方，就是唱每首歌都留有余地，有些歌手内心明明是空的，唱情歌却唱得哭爹喊娘，让人没有共鸣，而王菲内心有很多情感，情歌却唱得云淡风轻。”

可以说，王菲对窦靖童最好的教育就是，哪怕内心翻江倒海，也绝不在孩子面前怨气冲天，给孩子最好的关怀和快乐，而不是互相为对方的糟糕情绪埋单。

王菲就是这样一个人，她不会在公开场合说道前任的不是，更不会因为过去的恩怨纠葛就奋起伤害对方。所以她能在谢霆锋被拍到和张柏芝亲密时保持沉默，也能在数年之后高调复合。

洒脱至此，才能教育出内心强大的孩子，才能带给所有人阳光。

王菲跟窦唯离婚后，有记者问，打算给窦靖童找个什么样的爸爸?

她说，童童有爸爸，我要找的是自己的伴侣。

又有记者问窦靖童，如果你母亲和谢霆锋结婚，你会不会反对?

窦靖童回答，她开心就好。

这样的家庭模式值得我们当代人学习。

大多数人的家庭相处模式是这样的——

“你知不知道，我和你爸爸没有离婚，都是因为你！你要是不好好读书，怎么对得起我这份付出？”

“你怎么能 ××××，我所做的一切都是为了你，你居然辜负了我的这份心意！”

不知道从什么时候开始，我们必须为他人的糟糕情绪负责成了一种道德正确了。

负面情绪就像是无底洞，会把身边的一切美好都吸进去，这是一种需要认识和消除的错误思维。

如果某个身边的人担当了这种传播负能量的角色，就会让这份负能量实体化、合理化，最终这份负能量会疯狂滋长，把人的心智彻底吞噬。

“都是因为你，都是你把我害成这样的，我要你赔！”

这是人丧失自我意识后的内心台词，也是毁灭自己和他人的开始。

一场血肉模糊的撕 ×，不一定能毁掉你恨的人，但一定会毁掉爱你的人。

| 02 |

遗憾的是，许多家庭伦理剧，为了极大地吸引眼球，总在放大人性丑陋的一面，总在拼命地渲染负面情绪。

电视剧里的中老年女性，总是不通情理、顽固不化，不是想控制自己的丈夫就是想控制自己的儿女，还总是肆无忌惮地发脾气，不禁让人联想，是不是女到中年只有这一条路可以走。

而被迫害的女主角，一到矛盾冲突的关键时刻情商就离线了，嘴巴哑了，不仅不能回怼别人，还总说些没头没尾的话，扯出另外更大的误会。

关键是这样“有文化”“有素养”“善良体贴”的女性，永远都做不出“离开”这个决定，永远只会强烈抗议、强烈愤慨，叫嚣着“别以为我好欺负”。

你就是好欺负啊！在人际冲突中只会隐忍，在矛盾暴露时只会哭诉，在看清对方后却不能果断离开。经历过无数次伤害，最后还是只能原谅对方的人，不欺负你欺负谁啊？

遗憾的是，编剧为了所谓的大团圆结局，最后会莫名其妙地让坏人变得“深明大义”起来，一些坏了几十集的坏人突然“幡然悔悟”，做出了一些小恩惠，主角瞬间把过去的一切都放下了，大家又其乐融融地在一起。

渲染人际伤害，却又不敢挑战所谓的“伦理”，给出正确应对方式，反而鼓励全盘包容，这不仅是一个心理扭曲的剧本，更是一个畸形的时代观。

电视剧里的“90后”，大多是叛逆的、任性的，为了一点小事情可以大发雷霆，听了一点传言就开始口无遮拦，因为一些猜想就可以记恨别人一生，会永远漠视对方对自己的善意。可怕的是，这样的人往往能在社会上取得巨大成就，尤其在艺术上能得到国际上的高度赞扬。

突然发现，这样的电视剧流行，是时代的悲哀。

当代人情商最大的低能就是：

在表达喜欢时，不能让对方感受到自己的心意。在爆发剧烈冲突时，不能更加艺术和有修养地表达愤怒。

可惜，在这样的家庭伦理剧里，这样的低能被展现得淋漓尽致。

如果一个坏人，坏的动机如此之单纯，坏得所有的恶意都轻易写在脸上，坏到失去脑子，不问天时、地利、人和就频繁出手。这样纯粹的坏人在智慧者眼里，只能是跳梁小丑，活不过三集。但在家庭伦理剧里，却是一座座跨不过去的大山。

也许这些编剧从来也没意识到，一个情绪动荡的家庭，会对孩子的心灵有怎样的破坏作用，让他们在每一次回家、每一次吃饭、每一次睡觉时，都感觉如履薄冰、战战兢兢。

不是所有孩子都有勇气像陈胤捷（Jasper）一样对爸爸陈小春说出："Can you stop angry now（你现在可以不生气吗）？"

也不是所有家长都能像陈小春一样意识到，父母情绪不稳定，就像一把刀悬在孩子的头上，让他们时刻都在体会无力感。

不过这剧不是拍给孩子看的，不是吗?

| 03 |

妈妈的情绪管理能力是如何影响孩子的一生的？关于这个问题，曼彻斯特大学的心理学教授爱德华·特罗尼克（Edward Tronick）做过一个非常著名的实验——静止脸实验（Still Face Experiment）。

1. 实验之初，母亲与孩子正常互动，孩子很开心。

2. 静止脸实验开始，母亲面无表情。孩子已经发现不对劲，开始想办法引起母亲注意。

3. 孩子继续尝试让母亲与自己互动，但是母亲仍然面无表情。

4. 最后孩子开始崩溃哭泣。

心理学家约翰·鲍尔比（John Bowlby）认为，孩子天生具有一种确保被母亲照料的倾向，他们通过哭泣、攀抓、眼睛追踪、微笑和咿呀学语来指挥母亲。而母亲天生也有这种回应信号的倾向和能力。

在这种依恋行为和交互作用中，依恋产生，并最终影响个体形成自我内在关系和与他人关系的内部工作模式。

这样的依恋感被破坏的话，会在潜意识里给人一种无法言说的不安全感，会让孩子将来在选择挑战时，内心涌起莫名的恐惧感，而他却没法检测这一情绪的来源。

他会误以为是事情背后有难以言喻的风险，这会让他放弃这次挑战的机会，从而平庸一生。

可以这么认为，在父母对孩子情绪表达的背后，隐含了某种被父母坚信的世界观和哲学观，这种深层意识里的内容，极有可能会被孩子学习。

法布斯（Fabes）甚至这么认为，一个好的母亲在进行情绪调节社会化训练时，“有时候需要脱离自己的过往经验”，以便符合教养的需要。

真正的情商高手，不仅善胜，也更善败，所谓败而不耻，败而不伤，才能笑到最后。

如果一个家庭败在了情绪宣泄上，那无论在其他地方赢得多大胜利，在孩子内心世界建设这一件事上，都是极大的失败。

所以，在窦靖童的心中，王菲永远是一个表情搞怪的妈妈，永远是一个内心强大的“天后”。她无论离婚多少次，都不会对孩子内心造成伤害。

可以这么说，在王菲的世界里，坏的结婚，不如好的离婚。

结了婚后，如果家里沦为一片情绪的战场，那还不如客气地放手，这样才能给孩子和对方一个深情的拥抱。

过年不伤人，
我们还是亲戚

| 01 |

从我记事以来，“亲戚”就不是一个友好的词汇，以至于我越来越害怕回家过年。

相见时，他们没有一点关怀，反倒热衷于强行灌输价值观。

无论我做出了多大的成就，都比不上二狗子在小镇当了个公务员，也比不上三麻子已经要生二胎。

我想这一年来多读几本书，我想多看几场让我热泪盈眶的电影，我想去几个让我终生难忘的地方……

如果我开口说这些，他们一定会说我“读书读傻了”“眼高手低”“不务正业”“不孝顺的白眼狼”。

至于我现在还单身，那可是大逆不道的罪恶啊，亲戚们轮番上阵劝我回头是岸。

我们这一代人，有一些东西比铁饭碗重要，有一些梦想比结婚生娃要优先，有一些情怀比当官更值得追求。

他们不懂，他们也不想懂，他们陶醉在用自己的标准要求别人的虚伪成就感里。

人生有太多的可能性，我可不想活成他们嘴里的“成功人士”。

我是多么怀念我的外公，他就像一个无所不知的说书先生，他会和你聊曹操、聊程咬金、聊李鸿章……即便自己家里不富裕，每次来串门都要大包小包带东西。临走时还悄悄塞你点钱，嘱咐你去买最喜欢的黄卡机。

遗憾的是，这样的亲戚不多。

很多亲戚是这样的：来往不多，管得倒挺多；生活质量不高，对你的要求挺高；格局不是很大，但口气却非常大。

所以说，一个家庭里不只有熊孩子，还有熊亲戚。

古人说：富贵不还乡，如衣锦夜行。可是现在，我们回家过年，哪敢露富？

快递小哥，月入过万，可是回家只敢告诉大家月入两千，因为害怕别人借钱。

明明几千元钱买的表，都只能告诉亲戚是 30 元钱买的，为的是不想为自己惹麻烦。

回家过年，亲戚都爱问收入，其实是为了确认你活得是不是比他们差。

若是，他们会数落你。

若不是，他们会心怀怨恨。

有时候，你不得不感叹，亲戚比陌生人更难相处，因为你可以选择朋友，却不能选择亲戚。

| 02 |

人在很多时候都不同程度受到过原生家庭的伤害，而原生家庭的观念自然是来自原生家族。

但我们不能都选择“出家”“断交”，因为“家”不是某个地方，也不是某一群人，家可以在这个世界上的任何一个地方，它是一段记忆和一段成长、别离、团聚的人生。

窗外喧嚣的鞭炮声，盛宴过后一片狼藉的锅碗瓢盆，更象征了一个你这辈子无法逃离的旋涡，它的名字叫“家庭伦理”。

所以，熊亲戚不是一句“别理他们”就能完事的，在家族这张人情网上，你需要学会和他们周旋到底。

可以说，过年，是一场没有硝烟的战争。

当亲戚开始进攻你的内心领地的时候，你便要学会正面反击。

网上给出的策略是这样的。如果亲戚开始对你说教，你就开始共情。

“我知道你关心我，你从小就对我很照顾，你的心意我会记在心上的。”

其实这种做法不完全正确，它只适用于那些真正关心你的亲戚。

可是，我们都知道，有些亲戚对你的说教并不是关心你，而是为了碾轧你。那这个时候“我知道你关心我”，就成了一句十足的谎话。

这本来就不是一个真实的情绪，我们为什么要表达出自己理解这个情绪？这不叫共情，叫骗情，这不仅会让亲戚“关心你”这个虚假理由合理化，也会让自己显得虚伪。最要命的是，如果他也觉得他是在“关心你”，那这个话题就停不下来了。

网上又有策略说：“你可以转移话题啊！”

事实证明，话题很难转移，别人会用“这个事不着急，要优先解决你的 ×× 问题”这个句式绕回来。

而且，你转移的这个话题要是也触及了对方的敏感地区，对方很可能会更加不依不饶。

他们向来这样，侵犯你的私密时，他们浑然不觉。一旦被轻微冒犯，他们会一直记在心里。

其实，不要怕被人记恨。两个人真正做到彼此相互理解，那一定是经历了多次的冲突与和解。无论是你和你的亲戚，还是你和你的童年伙伴，都是这样。

但反击亲戚，就要更加艺术一点儿，因为他有“长辈”这个身份盾牌。同时，也有很多观众，他们多半不讲道理只讲伦理。

| 03 |

正面反击过分讨厌的亲戚，有三个技巧。

（1）情绪上要表达愤怒和不悦，但语言上不能有攻击性词汇。

有一个小伙被姨妈嘲讽不结婚，还得出结论“读书没啥用”，而姨妈自己的孩子却已经离婚两次。

小伙这时候回答：“原来您孩子不读书，是为了多结几次婚啊！”

虽然踩到了姨妈的痛处，但姨妈竟一时找不到理由反驳。

（2）用对方原本的逻辑，把话题的矛头由自己转移到对方身上。

有网友分享了自己回击亲戚恶劣玩笑的经验——

我刚结婚的时候，跟老公的亲戚吃饭。那边的恶趣味，新婚喜欢开儿媳妇跟公公的玩笑。刚坐下，一个男的说：“哎，坐你公公腿上去啊。”

我立刻笑了：“哦？你老婆当初也是坐你爸腿上的？”他愣了一下，说：“都要坐都要坐。”我说：“你急什么，以后你女儿结婚了，有的是机会坐啊。”

（3）用影射的方法回击，避免矛盾扩大。

某叔叔（没什么印象），听说我马上就30岁了，突然语气狂躁地说：

“30岁，存款也该有100万了吧，我姑爷今年刚30，已经有五套房了，新买的特斯拉还没有到货。”

我本不想搭理，恭维两句走人，但他的下一句话彻底激怒了我。

“读啥研究生啊？我女婿大学没毕业就出来工作了，现在什么教授、博士，在他面前跟狗一样！”

我立即反击道：“您看您这么崇拜您女婿，提起钱眼睛都放光，就好像您说的那啥似的。”

要想鼓励一个人的行为，你要让他得到满足。要想阻止一个人的行为，不是靠求饶或者威胁，最好的方法，还是让他得不到他想要的东西。用在人际关系里，那就是自讨没趣。

任何一段关系要想舒服，都依赖一个词——“深刻”。

学会对出口伤人的亲戚反击，不是为了宣泄情绪，而是用一种直观的态度告诉对方：我们必须重新审视我们的关系。

世上最悲哀的，莫过于被上一代操纵的人。

路遥在《平凡的世界》里说过，人和人之间的友爱，并不在于是否是亲戚。是的，血缘不是一个人的枷锁。

虽说夏虫不可语冰，但对于那些无视个人发展，只看重传宗接代的亲戚，你还是需要和他们理一理。

一来你可以考验下你长久以来所坚信的东西会不会被轻易打垮；二来你会珍惜你现有的生活，你会明白时代变迁导致的阶级固化，是有多么厚重和不幸。

愿你有一群亲戚，更有一群亲人。

妈妈，别吼我

| 01 |

近日，山西一小学的感恩教育走红网络，在某“知名教育家”情绪激昂的演讲中，数千名小学生集体痛哭。

网友质疑此举，但校长表态否认“洗脑营销”，校长说：“我也很感动，听一次流一次泪。”

近年来，我一直是这类表演式的感恩教育的反对者，随着教育的进步，对这类感恩教育的批评声也越来越多，但这样的活动还是会在很多地方大规模开展。

原因是，这样的活动现场效果好。

无论是学生对家长集体下跪，还是学生在台上声嘶力竭地呼喊，要考上清华、北大，或者这类让学生集体痛哭的演讲，都能抓拍到一些看似感人的照片。

可能校长的泪点要比我们低吧，“知名教育家”在台上的核心观点，概括出来就是：妈妈爱你们，爱得很痛苦，她必须发泄出来，如果你们的妈妈不发泄出来，她们就会变成精神病。

心理学研究很早就发现，如果一个人特别依赖用发泄的方式对抗焦虑，那这个人出现暴力的可能性会很高。

为什么呢？

因为每一次情绪的产生，其实都是一个觉察自我的机会。如果每一次情绪出现时，都没有很好地认识情绪本身，反倒用一种激烈的方式投射在别人身上，别人会觉得莫名其妙，因为他只接收到你的情绪，没有接收到你的原因，所以他们很难匹配一个正确的态度来回应你。

如果你选择发泄，你会引导其他人同样选择发泄，那发泄最好的方式，不就是互殴了吗？

有一种不孝，叫感恩全靠眼泪；有一种不慈，叫教育全靠脾气。能够靠眼泪发泄出来的情绪，从来都不算情绪。最重要的情绪，要永远留在心里，并和它一起成长。

情绪不是用来发泄的，是用来认识和管理的。

| 02 |

这位知名教育家说，妈妈的情绪如果发泄到老公身上，老公不吃这一套；如果发泄到爷爷奶奶身上，爷爷奶奶说她不孝；如果发泄到领导身上，领导说她找死，所以只能发泄到儿女身上。

我很想对演讲者说，不要低估一个人的毅力和坚强，尤其是女性。在面对这个世界的恶意时，我们需要的不是出气筒，而是理解。兴许，我们也不需要理解，我们需要自己所做的一切有意义。

如果我们忍辱负重，谁都不敢得罪，只敢伤害自己的家人，那会不会太本末倒置了。

这是一种非常错误的情绪宣泄方法。请记住，在这个世上，没有任何一个人有责任和义务为你的不幸背锅，包括你的孩子。

即便孩子默默忍受了你的一切，如果负面情绪产生的原因没找到，那不断积累在孩子身上的压力，终有一天会爆发，经过一番循环，最后伤害到自己身上。著名的踢猫效应，说的就是这个道理。

我是真的希望，这样的感恩教育少一些，因为我真的很讨厌，在硝烟弥漫的社会里，家反倒成为最累人的地方。

| 03 |

几年前，妈妈的好友石阿姨来我们家拜访，妈妈和她闭门畅聊了一下午后，我们坐在一桌吃饭。

刚吃完饭，有快递送东西来，是一个精美的水晶船，还有一块颇具民族气息的女士围巾。

我知道，这是我的朋友鹿姑娘送来的，出人意料的是，她居然还给妈妈带了礼物。

我把围巾拿给妈妈，谁知妈妈看了后，丝毫不高兴，反而突然怒了。

“我提前说好，你要谈恋爱，搬出去谈，千万不要来牵扯我们。现在这些女生也太不知廉耻了，随随便便就送东西，以为我这么好骗？”

我瞬间就不淡定了，姑娘好心送东西来，怎么就不知廉耻了，我扯开嗓子和她吼：“你怎么这样？谁送你东西，谁就不要脸。我看你也经常送人东西，你简直无耻至极！”

看着妈妈无理取闹，一向沉默的爸爸也开始插嘴：“别人一片好心，又不是要嫁入我们家。你这是干什么，难道想让儿子永远不谈恋爱？”

我觉得爸爸妈妈误会了，鹿姑娘和我并没有恋爱关系。但任凭我怎么解释，两个人都不听，眼看家庭战争即将爆发，石阿姨大声说了一句：“你们别吵了！渔妈，我知道你同情我，但这件事和渔没有关系。你要想替我出气，你倒是去骂骂我那不争气的儿子和儿媳啊！”

此言一出，妈妈沉默了，捡起了地上的围巾跟我道了歉，还请我向鹿姑娘表示感谢。

原来，石阿姨今天来找妈妈，是来倾诉的。

石阿姨是个命苦的妈妈，本以为儿子小石娶了某领导的女儿，就可以飞黄腾达。谁知，天价彩礼后，还被女方逼着买房、买车，连石阿姨夫妇居住的房子都被写上了女方名字。

这场婚事抽干了石阿姨夫妇所有的积蓄。可惜，小石家庭的开销仍然巨大，如今小石又打起了爸爸妈妈退休工资的主意。

石阿姨的悲惨遭遇让妈妈动容，所以妈妈看见鹿姑娘的围巾，就想到了婚姻，就想到了自己可能会跟石阿姨一样的命运。于是，妈妈开始歇斯底里。

一个人急于发泄情绪，是不可能向你解释缘由的。或者妈妈发火时，也没有厘清这个情绪线索。这在我和爸爸看来，叫作“间歇发疯，神经病”。

管理情绪，很重要的一点就是认知情绪，即分清什么是“事实”，什么是“想法”，什么是“身体感受”。这里拿妈妈举例。

鹿姑娘送了一条围巾，这是事实。妈妈感受到压抑和愤怒，这是身体感受。

那为什么这个事实会产生这样的感受呢？因为有“想法”在里面。情绪成熟的人，会对“想法”的真实性进行评估。往往上位者，说话都比较慢，就是这个原因。

比如，你晚上起床看到一个长发披肩的女性，脸上有一点微弱的光，你会被吓得魂不附体。如果你能觉察情绪，你会明白，恐惧情绪告诉你“贞子”来了。如果你情绪系统够发达，这个时候会有个声音告诉你，这不是“贞子”，这是你的女性舍友正玩手机呢！

鹿姑娘想和喵大师谈恋爱，这是个想法，真实度一般，因为第一次听儿子提起。

鹿姑娘和喵大师谈恋爱后，会和小石一样把父母逼入绝境，这是个真实度很低的想法。因为我和鹿姑娘，不是小石和他媳妇。

所以，情绪不是发泄出来另一方默默承受就能解决问题的。如果你发泄了一个错误的情绪，可能毁掉的，不只是你自己的人生。

| 04 |

有一个心理学实验，让受试者叼着或咬着铅笔看动画片，并对动画片的有趣程度打分。

一组受试者用门牙咬着铅笔，这样脸上表现出的是微笑的表情；另一组用嘴唇叼着铅笔，笔不能碰到牙，这样表现出来的是比较严肃的表情。结果，表现微笑表情的受试者比表现严肃表情的受试者觉得动画片更有趣。

实验告诉我们，情绪会在一定程度上影响认知。当你随意宣泄一个负面情绪时，你会更容易捕捉到负面情绪。

每当女生遇到情感问题，很多女权号总是鼓励她们“作一下”，美其名曰：试试他的态度。

实际上，当你处于“作一下”的情绪时，对方哄好你的概率是很低的，你会轻易捕捉到对方态度里的不耐烦和惊诧，你会轻易得出“他不爱我”的结论。

这便是错误情绪宣泄覆盖了认知的典型例子，姑娘们也许不明白，真正不爱你的人，其实没什么情绪，他们都是安安静静的。

网友独木舟说：“不记得是从什么时候起，我不再在太多人面前宣泄我的负面情绪。生活中糟心的时刻依然还有，但我慢慢发觉，自己消化掉这些，所获得的经验和能量要比倾诉和抱怨强大得多。从前我依赖他人，如今我相信时间和我自己。”

偶尔抱怨一次人生，进行一下情绪宣泄是可以的，但习惯性地抱怨而不谋求改变，便是不聪明的人了。

家庭式“激将法”，会吃人

| 01 |

前几日，发生了惊心动魄的一幕。一个孩子，居然在我面前企图用餐刀扎进自己的肚子。

原本只是一个普通的聚会，殷妈妈不过是我朋友的朋友，但在聚会上，殷妈妈与孩子的沟通方式，让我很难受。

小殷说，自己写的作文获奖了，老师上课时还表扬了他。

殷妈妈说：“作文获奖算个什么，你要像对面的周老师一样，写书卖了几十万册，那才叫厉害！”

我不需要这种恭维，连忙打断这位妈妈：“殷妈妈，小殷很厉害的，我上初中时写作文都没获过奖，他只要保持这个劲头，将来一定比我厉害。”

殷妈妈不以为然，摆摆手说道：“周老师，您是搞教育的您明白，我这是激将法，这孩子平时太懒了，不刺激下他，他根本不会动。”

我好奇地询问了下这种方法是从哪儿学来的。

殷妈告诉我，是从一本谈虎妈教育的畅销书上学来的，别的方法没记住，就记住了这个。

接下来的话题，殷妈大谈自己八竿子都打不到的亲戚家的孩子是如何优秀！有的在读名校，有的身家上亿，他们如何努力和成功！相反，小殷就很糟糕了，她恨铁不成钢啊！

小殷反驳道，他也很努力啊，也学习到半夜一点啊，凭什么说他不努力？

殷妈不屑一顾地说："你有几个晚上学习到一点？你那叫努力吗？人家 ×× 每次出来吃饭都会把作业做好，你呢？你一点都不虚心，看见周老师，你为什么不第一时间请教他成功经验？"

我数次想打断殷妈的夺命连环激将法，可惜她滔滔不绝，我根本没有插嘴的空间。

这时，小殷气得把头扭了过去，拒绝和殷妈妈说话，动作大了点，把很多餐具碰掉在地上。

当孩子已经被逼得没招的时候，殷妈妈使出了"撒手锏"："吃个饭，连筷子都拿不好，你说我养你有什么用？"

小殷愤怒地说："你再说，我就死给你看！"

殷妈妈丝毫不介意，说："把东西捡起来，谅你也不敢！"

突然，小殷把餐刀捡了起来，立即就要用餐刀扎自己。

所幸的是，西餐刀都是很钝的，旁边的人赶忙抢过刀具，安抚一直在哭的小殷。

聚会不欢而散，殷妈还不停地跟我们道歉：“孩子不懂事，请大家原谅！”

我诚恳地告诉这位妈妈，孩子懂事的前提，必须是我们给予他足够的自尊。小殷是可以超过我的，甚至可以超过您口中那些所谓成功的亲戚孩子。但他需要的不是这种扭曲的“激将法”所带来的决心和动力，他需要的是实现目标的方案、方法、资源，这才是家长需要给予他的东西。

“激将法”从来都不是一种激发，而是一种侮辱。

| 02 |

家长们需要明白，最伤人的东西，永远都不是拳头，而是舌头。

“有种你就别活了！”父亲才说完这句话，孩子就真的自杀了！

这件事发生在泰国一家超市，儿子沉迷于电脑游戏，终日消沉。

父亲看着儿子日渐消沉，有一天怒不可遏，对儿子说：“有种你就别活了！”随后把枪上膛要转身离开，儿子拿起枪就自杀了。

父亲听见枪声后一回头看见儿子躺在柜台上，他没想到儿子会开枪，以为儿子是装的，上去对着脑袋又是一巴掌。

这下儿子的尸体被拍倒，母亲扑倒在地上，双手砸地，父亲看到儿子死了，脑子一空，直接摔倒在地上。

这时候母亲反应过来，越过倒在地上的丈夫，捡起了枪，怕丈夫也会自杀，赶紧把枪拿开了。

“激将法”在很多时候，被家长用成了“辱将法”。而一个孩子被羞辱得多了，就被逼上了绝路。

奇怪的一点就是，“激将法”其实从来都是不包含侮辱的，我真的不明白，当代家长为什么要把“否定”和“侮辱”加进去。

诸葛亮在出使东吴时，看到孙权就断定，这个人不可以说服，只可以激将。因为他明白，孙权有着无比强大的自尊心。

奇怪的是，当代孩子并没有那么强的耐受力，在这个充满语言暴力的社会里，他们的尊严多半是受伤的，为什么要使用“激将法”？

其次，诸葛亮的“激将法”包含两点：

（1）曹操非常强大。

（2）刘备哪怕是战死也不会降的，因为他有坚定的品格。

诸葛亮并没有直接否定和侮辱孙权啊，并且他说出了孙权的心声：“英雄不能寄人篱下！”

而家长的“激将法”只包含两点：

（1）“别人家的孩子”很优秀，而且这种优秀还不是很真实。

（2）我养了你简直是一种耻辱。

对比下来，我经常觉得这种“激将法”只是一个幌子，家长只是单纯为了否定而否定罢了。

在这个世界上，有太多人靠否定别人来彰显自己的独特和博学。然而，这种很糟糕的批评，恰恰暴露了他们的无知和脆弱。

家长总觉得，当孩子想做什么的时候，首先否定他，是一件一本万利的事。如果孩子成功了，那是他们的“激将法”奏效了。如果孩子失败了，那是他们具有前瞻性，因为他们永远是对的。

没有尊严的教育，造就了多少缺乏自信的孩子。当原生家庭的自卑占据了孩子的内心，谁敢在未来的生活中，对未知发出挑战。

| 03 |

为此，我要教天下父母一个“反向激将法”。你与其侮辱孩子，希望他能为挽回尊严而行动。不如夸奖孩子，夸奖他具备某种优秀的特质，让他为了维护这种特质而行动。

比如，我有个学生，他交上来的作业都是抄的，而且还是抄我的。

我对他说：“如果我仅仅是你的偶像，你转载了我的内容，我很满意。但你还是我的学生，所以我对你的要求更严格。你不仅仅要崇拜我，你还要成为比我更优秀的人。所以我必须给你不及格，虽然你按时完成了作业，但一个只能抄袭师父招式的徒弟，放到江湖上，师父是不会放心的。”

在这里，我给这个同学戴了个高帽，即“一个能超越师父的徒弟”，从而鼓励他为了维护这个形象而努力。

尝试为孩子塑造一个有足够尊重的成长环境。家长可以把“你不够好”改为“你可以更好”！把“你怎么这么没用”改为“你不要浪费自己的潜能”！

罗杰斯认为：“只要有一个安全、自由、充满人性的心理环境，所有人固有的优异潜能都能自动得以实现。”

“为你好”永远都不是侮辱的挡箭牌。真正的为你好，是每天都能让你更自信一点儿，更接纳自己一点儿。

PART

5

学会拒绝，是人生精进的智慧

学会拒绝，
是对自己最起码的尊重

| 01 |

在拒绝别人的时候，“身份拒绝法”是很好用的一种方法。

“身份拒绝法”的关键在于：拒绝你，是因为我必须坚持我的身份，而不是我在情感上不重视你。

大部分人拒绝别人，喜欢使用“没时间”这个托词，实际上，这个托词已经逐渐被许多人发现存在漏洞了。

我们的“没时间”并不是真的没时间，而是我们把时间用在了更重要的人和事当中去了。我没时间，只不过是因为你在我心中的地位比较低而已。

况且，在很多场合，使用“没时间”这个托词会被人轻易发现是在说谎。总不能为了圆这个谎，你需要一直表现出忙碌吧！

抬出“身份”来做挡箭牌，要比冷冰冰的拒绝好得多，至少能让人感受到你对身份的认同。

其实，“身份感”这种东西，本来就是用来拒人于千里之外的。

| 02 |

身份拒绝法，还有一种变式——“强调专业拒绝法”！除了强调你的身份外，还要强调你的专业价值。这多半用在专业人士被逼着要求免费帮忙的尴尬之中。

小李，你是学计算机的吧，帮我修修我的手机吧。

小张，你是学英语的吧，来帮我翻译下这份资料。

发出这种要求的除非是你的领导，否则，有太多想免费获得你的专业帮助的人，并不会显得你受欢迎，只会显得你的专业廉价。

我有位律师朋友，经常被朋友们咨询法律问题，一问就是几个小时，也不管属不属于他擅长的司法领域，这些朋友最后就一句谢谢了事。

我本人也经常遇到，有人加了我，就开始说：“听说你是一个心理咨询师，我这边有个问题想请教你！”

对不起，心理咨询是一个严谨的活动，是一个诊断和治病的过程，不是随意聊天，是要签协议的。即便是聊天，万一我没时间和你聊呢?

于是，我经常使用“强调专业拒绝法”。

“不好意思，正因为心理学是我的专业，所以我才不能帮忙，因为我本人已经很长时间没有进行心理咨询了，它和心理学科普是两回事，如果我随意跨出自己的领域，这不仅对你不尊重，更是对行业规则的践踏。”

有一位妈妈某天找到我，希望我去辅导下她上初二的孩子的功课。理由是，她的孩子是我的粉丝，很崇拜我。

可是，这位妈妈，有件事我特别想告诉你，初二的功课我也很有可能不会啊！

当然，主要的原因是“没时间”，或者直接点说，我认为做这种事，对我来说是浪费时间。

但这位妈妈毕竟是善意的，爱子心切我也可以理解。于是我使用了“强调专业拒绝法”。

“这位妈妈，您的孩子很欣赏我，还是我的粉丝，这让我很高兴。但您也知道，我的专业是心理学，您的孩子崇拜的也是我的心理专业。假如我抛下我的专业，去辅导您孩子的语文、数学。这不仅让您的孩子失去一个崇拜的偶像，还会让您的孩子失去专业老师的帮助，我觉得不值！”

大家要明白一点，做一件事，如果不能保证质量，最好不要做，尤其是跟你的专业相关的事。

如果你随随便便做做，最后效果不好，对方可是会埋怨你的，无论他是否付出了报酬。

这样你不仅会感到委屈，还损害了你的专业自尊。

抬出“专业标准”这一“撒手锏”，即告诉对方，你不会随便做事，对方也会在心中衡量请求你的帮助所需要的付出。

| 03 |

还有一种情况。有一些请求，其实你是可以接受的。只是你答应请求是需要一些条件的。那你可以请对方补充这个条件。

比如，领导让我辅导一个新进学校的老师，教会她如何参加教学比赛。如果我以“没时间”为由推辞，势必会得罪领导。领导会立即搬出“学校的规定”“教育厅的政策”“老师的操守”等来和我辩论。

与人交流是一种博弈，如果领导讲出这些，那都会成为他的内心砝码。当然，如果我口才滔天，我可以把上述理由都驳斥了。但这也会极大损害领导的颜面，也是不利的。

这时，就要采用“条件补足法”。

其实，如果这位新老师有一定的资质，我也不那么忙的话，我是可以答应这个请求的。

我立即提出，要培训好这位老师，我需要领导同我一道去听她讲课，并且我需要一点经费聘请外校专家、组织试讲等。另外，我的这个工作必须记工作量。

领导说他没时间，但他愿意给我多记点工作量以作补偿。

有些看似不合理的要求，其实并不是真的不合理，只是因为我们做这件事，缺乏某些“条件”和“报酬”。

当我们想直接对这种事说“不”时，我们不妨思考下，在什么条件下，我们会说“是”。

至少在领导心中，我是个想解决问题，但有附加条件的能人，而不是一个偷懒耍滑的无能之辈。即便领导还是对我不悦，后一种形象可比前一种要糟糕得多。

实际上，这时一口回绝领导，也不会真正清闲。领导憋着这口气，说不定会布置更加苛刻的任务，最终关系就会闹僵。

此时，你提出条件，有条不紊地完成领导交给你的任务，其实是一种“聪明的拒绝。”

提出要求，也能让领导有机会思考下，他是不是在强人所难。

真正跑得远的马，一定要学会向主人要草吃。

很多时候，拒绝可以不拉着脸，不说狠话。圆润地处理问题，不动声色地回绝会更好。那些看似成熟，实际上内心已经给人下跪的人，会觉得你“不懂事”。他们不明白，维护住自己的自我，这恰恰是聪明。

我发个朋友圈，招惹你了吗？

| 01 |

记得五年前我刚参加工作，有一天突然发现，我用了半年的计算器里面，居然没有电池，我惊呆了，以为这是个灵异事件，于是把它分享到了朋友圈。

结果一群朋友嘲笑我，包括我的领导，他们说：“渔啊，你太笨了，这个计算器是太阳能的。”

直到今天都不断有人提醒我删掉这条朋友圈，因为这会让人觉得我蠢萌蠢萌的。我不愿意删除，蠢萌有什么不好，谁不是从天真善良的傻子被现实逼成心机深沉的疯子。

后来有读者告诉我，这条朋友圈让我显得更真实。

支教那年，我担任语文老师，在课堂上分享了一位当红作者的书，同学们反响热烈。之后我发了一个朋友圈，告诉大家一定不要像书名所说的那样“看起来很努力”。

一年后，我在网上写文小有成就，因缘际会认识了这位当红作者，我告诉他，当年我是因为看了他的书才走上了写作的道路。

他一开始不相信，我把朋友圈发给他看，当红作者笑着说："渔，那你的新书我帮你作序吧！"

朋友圈对我而言并不只是一种回忆，即便无数文章批斗刷朋友圈是浪费时间，我仍旧保持每晚阅读半个小时朋友圈的习惯。

我需要看下大家在关心什么，这会给我写文章带来灵感。我也需要看看大家分享的一些东西，从中分析人性与心理。但最重要的是，我需要从别人的朋友圈里看透一种东西，叫"因果"。

只能从自己的经验中吸取教训的人，不算聪明。真正聪明的人，可以从别人身上吸取教训。

朋友圈里，有那么一些人，你能清晰地了解他的价值观，了解他的为人处世方式，了解他所处的位置，于是你能从他身上发现一种命运的因果，这些因果叠加起来，便是这个世界的真相。

所以，我本人也坚持发朋友圈，因为我也是因果的一环。

| 02 |

我不会去朋友圈晒努力，也不会去朋友圈卖东西，更不会刷屏求关注。因为我知道，任何在朋友圈里希望统治别人情绪的人，大多都只收获了挫折和失败。

我发朋友圈不频繁，本着你我都舒服的原则。

我喜欢发一些段子，这会给人带来快乐。我也喜欢做一些诗，怀念自己的青春。

我是本着让别人舒服自己也舒服的原则发朋友圈的，但总有一些人的朋友圈好像已经满足不了他的炫耀心理了。

某天我的朋友圈，就突然来了这么一个人。

由于这位仁兄的朋友圈已经屏蔽了我，我实在想不起他是谁。我唯一知道的，就是我发的朋友圈似乎招惹了他，让他成了评论区里的一朵奇葩。

在朋友圈已经成为敌人圈的今天，总有人想方设法证明别人很low。那你直接屏蔽我就好，有必要来宣告吗？

大家的朋友圈，好像都不是用来记录日常的工具了，而是成为羞辱别人的战场。

我居然有点怀念以前的QQ空间，不管是发“杀马特”还是“忘了爱”，都可以理直气壮。也许若干年后再看，这确实是一种很傻的行为，但那也是我独一无二的非主流青春，不是吗？

后来我发现，在一些人的眼中，所有的一切都可以用来作为贬低他人智商的素材。无论你吃饭睡觉、旅游、打游戏、谈恋爱，在他们眼中都是很low的行为。

于是，有三个问题让我十分诧异。

我到底发什么才能让你满意？

我发朋友圈是为了迎合你吗？

你格调这么高，那你的生活幸福，成绩斐然吗？

最后一个问题我是有答案的，朋友圈因果律很重要的一点就是：凡是喜欢羞辱别人的人，最终都会被现实啪啪打脸。

并不是因为羞辱别人，给他们造成了什么人际压力，大部分人对羞辱者并不会直接反击。而是因为这些羞辱别人的人，逻辑都异常狭隘。他们会活在一个高高在上的幻觉中，而这份幻觉其实是为了补偿他曾经受到的羞辱。

这样的人从来都没有接受爱的能力。

| 03 |

小娟老师比我晚几年进学校工作，我发现她总喜欢发一些我个人认为很幼稚的朋友圈。

“学校今天停电了，看到学生点蜡烛学习，我真的被感动了！”

“同学做活动受伤了，一群人把他送到医务室，大家好团结！”

看她那么天真善良，我私下告诉她，关注学生是对的，但不用发出来，这会让某些人觉得你很嫩，容易被欺负，会把很多破事丢给你。

“我知道啊！”小娟的眼神异常真诚，“渔老师，可我毕竟不是你啊！我要是能像你一样开网络课养活自己，我也不想这么辛苦啊。我知道他们总把值班监考一类的事丢给我，但值班一天一百元呢，家里弟弟等着上学，爸爸身体不好，急需用钱。”

听完小娟老师的话，我突然觉得其实幼稚的人是我。

人是活在自己的认知里的，我们每个人都有经验和素养，都有自身独特的环境构成。

我们在自己的欲望和局限里独自开心，我用自己的立场去解释小娟是很可笑的，这就是所谓的“心外无物，心外无理”。

人性如水，水是无根之物。如果我们轻易将自己的心智建立在目前拥有的基础上，比如因为有优越感而自信，因为富有而轻贱别人，就难以触及最为深邃的真实。

小娟和我都是整个高校系统里的一环，如果不是她的值班，我又哪能有时间写书。同样，也只有我把课上得让学生满意了，小娟才有空间去开展学生活动。

看清楚这一点，是自我成长的关键。

吐槽朋友圈能给你带来智慧和身家的提升吗？并不能！

我们对所有人的关注，都是为了让我们更好地以人为镜，看清自己，跳出狭隘，不再偏执。

所以，我们可以尝试喜欢这个叫朋友圈的东西，它不是用来让我们对别人的人生指指点点的，而是在记录下我们生命中所有的小确幸后，对这个世界说声“晚安”。

你不知我的苦，就别劝我大度

| 01 |

郭德纲有一句话很对，不了解任何情况就劝你一定要大度的人，你要离他远一点，因为雷劈他的时候会连累到你。

不知道为什么，在这个世界上，人与人的联系感就这么难建立。很少有人愿意支持别人，更多的人喜欢往别人伤口上撒盐。

在我妈妈心中，“做人要大度一点儿”是解决一切矛盾的良药。

初中时，我很迷曹植的《洛神赋》，就仿照着给漂亮的语文课代表写了一篇，语文课代表瞬间成了我的粉丝，下课后总要拿着看几遍。

某天，被好事的小壮发现了，他坐在桌子上拿着我的诗词，用极为怪异的语调给全班念了一遍。

全班人立马过来围观，大家听不懂，他就给大家解释。

“渔同学这是在邀请女生共赴巫山啊！真不要脸。”

课代表当场就哭着跑了出去，我走了过去，眼睛直直盯着他。

“怎么了？你个四眼狗！”他挑衅我道。

我用力推了他一下，他重重地摔在地上。

班主任把这件事通知了家长，妈妈知道后的第一个动作，却是带着我去小壮家给他道歉。

我大声告诉妈妈：“我不去，他骂我四眼狗！”

妈妈说：“骂你两声掉块肉吗？你就不能大度一点儿？”

我说：“可是，他当着全班的面侮辱我的诗，还说我不要脸！”

妈妈说：“他怎么不去骂别人？我可不像你，这么不会做人！”

如果“会做人”的标准是，遇到什么委屈和伤心的事情都得强行咽下，那这个人，我不做也罢。

但这个逻辑说不通啊，这么“会做人”、这么“大度”的妈妈，为何终日被人欺负，终日以泪洗面呢？

妈妈逼着我去给小壮道歉时，我清楚地记得，对方连门都没让我们进，开口就是医药费，结果我妈给他家送了三天的红糖鸡蛋。

从此，我再没写过汉赋，也再没和妈妈说过自己的委屈。因为我明白，我的家不是一个遮风挡雨的庇护所，而是一艘风雨飘摇的小船。

“做人要大度一点儿！”

“为什么别人只会来欺负你？”

这两个逻辑连起来，我们就可以得出一个结论，别人之所以来欺负我们，完全是因为我们不够“大度”，如果我们更“会做人”一点，那就不会有这样的事了！

都是我的错，好了吧！反正在这个世界上，会叫疼的人永远有糖吃，先出手的人永远有理由，会受伤的，往往是那些故作坚强的人。

长大后，我发现妈妈的逻辑不对！

读研究生期间，我跟着导师去一所重点中学发问卷，班主任老师和我很聊得来，我就向她要了一节班会课，想体验下在重点中学当老师的感觉。

我讲得很好，但似乎刺激到了某些人。第二天，年级主任就告到我的导师那里，她说我“手伸得太长”，还威胁导师要取消课题研究。

导师跟对方道了歉，然后问我：“是不是很喜欢当老师？”

我知道自己闯了大祸，一个劲儿地请求导师原谅我。

导师很大度地说：“课题嘛，可以再搞，如果能用一个课题换回一个好老师，我觉得值！”

这时，我终于知道了什么叫大度。真正的大度，是有实力的人选择谅解别人对自己的冒犯，是一种让人如沐春风的感觉。而妈妈教我的“大度”是一种自欺欺人，是一种连愤怒情绪都不敢表达的懦弱，是一种战战兢兢的低效自保。

| 02 |

人在一生中从来都不需要假装“大度”，相反，你需要静下心来舔舐自己的伤口，认知自己的情绪，思考自己的痛苦。

假装淡定是一种虚伪，面对痛苦才是一种坚强。

情商高的人，在遇到别人的攻击行为时，会根据当前条件的不同，从而选择恰当的情绪。

当你被人冒犯时，如果你的地位高于冒犯者，对他拥有怜悯和同情，那你可以选择宽容。

监考时，我看到一个男生悄悄藏了复习资料没上交，我把资料没收了，并告诉他，他再有多余的动作，我立即以作弊论处。

所谓宽容是不能滥用的，首先，宽容是一种主动选择；其次，宽容者确实拥有打击对方的实力，而且他必须亮出手上的武器，告诉对方下不为例。

如果对方的冒犯程度不高，实在没有多余的精力去处理，你可以选择容忍。

每次写文章，底下总有些“喷子”，你只能选择对他们无视。因为哪怕你用高超的语言技巧去怼他们，还是难以改变他们的看法，也不能阻止他们源源不断地出现。你还有更重要的事情要做，就随他们去吧!

但一个人的容忍是有限度的，对于“喷子”，必要时也得拉黑。

如果对方触及了你的底线，当场反击的话，时机和条件不成熟，你可以选择隐忍。

某些作者，依靠所谓洗稿的方法写文章，就是我呕心沥血写出来的好文章，他拿过去用自己的话说一遍，之后发表在公众号上，还看不出是抄袭。

我对洗稿零容忍，但我一个人发声是没用的。对于惯犯，我等待着他东窗事发，到时候和他算算总账。

如果恐惧对方的力量，遇到伤害时，只敢委屈地躲在角落里哭泣，时不时骂两句，这叫软弱。

其实，软弱也没什么。承认自己的软弱就是勇敢的开始。

从今往后，我会记住自己的退缩，记住那份屈辱，让自己变得更加强大，更加有担当。

人的成长，是从学会认识自己的情绪开始的。但如果明明是自己软弱不堪，却不敢面对懦弱的自己，要为自己加上一个光荣的借口，美其名曰：大度，说得好像自己拥有无边无际的资源可以奉献出去一样，这就是一种愚蠢。

你不知我的苦，就别劝我大度。我大度是为了了解别人，不是为了欺骗自己。

| 03 |

当朋友受到伤害时，如何正确地安慰他们呢？

千万别劝朋友大度，他们会觉得你不了解他，针没扎在你身上，所以你不会觉得疼。然后，他还会觉得你和坏人是一伙的，因为你更能理解坏人的“苦衷”。

首先，你要学会理解朋友的情绪，并和他保持同一种情绪，这叫共情。

曹叡的男宠辟邪就很懂这个，当曹叡因为思念被害死的母亲病倒时，大臣都责备他缺乏君王气度，而辟邪却满怀同情地说了句：“你们可知，支撑我大魏国的是一个没有娘的孩子啊！”曹叡瞬间泪目。

其次，你要学会引导朋友，把他累积的情绪转移到别的地方去。

当曹叡因为画师没有描绘出他母亲的容貌时，他大开杀戒。郭太后劝阻曹叡，曹叡差点也把她杀了。

而辟邪却建议，让曹叡穿上他母亲生前的衣服来让画师描绘，曹叡立马就对画像满意了。

虽然这歪点子让一代皇帝成了女装大佬，却很好地让曹叡抚平了心中的伤痛。

皇帝不是天子，皇帝也是一个凡人，他也需要有人理解他。正如我们的内心，也需要给情绪一点空间。

当代社会，我们不能奢求身边人给予鼓励和支持，但也真心希望他们不要在不经意间落井下石，这便已是莫大的善意。

真正让你远离伤害的，不是“大度”，而是“记住”。只有先记住，才会改变。只有改变，才会与众不同。

“有话不说”，正往你的心口插刀

| 01 |

琴老师是一名教艺术的大学老师，可她从来不敢穿裙子，更不敢露出手臂，因为她的手上到处是被丈夫家暴的伤痕。

曾经有一天，她在家里累得睡着了，晚归的丈夫发现她没有为自己做消夜，就把饮水机的水烧开，狠狠泼在她的脸上。

所幸没有毁容。可第二天脸依然红肿，她却坚持去学校上课。

知道内情的学生把她的情况反馈给学校，学校工会想要介入，她拒绝了，说只是自己不小心弄的。

本校的法学大腕愿意给她法律援助，她再次拒绝。

哪怕我们做朋友的都已经看不下去了，她也总是劝我们，不要声张此事，更不要把这件事告诉她的家人。

她为什么不说呢？我发现她的脑海中充满了错误思维。

她的理由如下：

（1）这就是我的命。

我真的不知道该如何反驳这句话，因为这句话没法被证实，也没法被证伪，我实在没有办法把神仙请下凡，让他核对下琴老师的命运是否如其所想，但琴老师对此坚信不疑。

（2）他这个人（丈夫）就这样，无论我怎么做，都没法和他好好相处。

不对啊，这个不是她沉默的理由啊！如果完全没法和丈夫好好相处，难道不该离开吗？怎么到了琴老师这儿却成了必须忍受折磨？

（3）如果我离开，他就会伤害我的家人，会伤害我。我可以慢慢地感化他，你看，他前几天还跟我认错了！

琴老师这个想法和事实是有出入的，她的丈夫现在正不断伤害她，恐吓她的家人。事实上，暴力行为只在增强，没有在减弱。

神经学家唐纳德·赫博斯把这种行为称为“情绪被劫持”。

大脑中的杏仁体是我们大脑的情绪中心，它负责产生、识别和调节情绪。杏仁体就像我们大脑自带的安检系统，它无时无刻不在扫描我们的环境。

但它有一个坏习惯，那就是自动消极关注。

当杏仁体拾取到了负面体验时，它会立即将其发送到长期存储区。但对于积极体验，我们必须持续关注它 12 秒以上，它才能被存储。

因此，99 件高兴的事会被 1 件坏事毁灭，赚到 100 元钱的喜悦，抵不上损失 100 元钱的痛苦。

杏仁体这种负面关注的恶习会瞬间劫持大脑，让大脑做出错误决定。

当我们失去一个机会时，大脑会说："没关系，下一次机会很快就会到来。"

当我们被威胁时，大脑会提醒我们，这会是一个持续时间很长的痛苦，挣扎是没用的。

相关文献表明杏仁体这样的机制，是人类早期在恶劣自然环境下，演化出来的机制，它可以帮助人类忍受痛苦。但杏仁体没法意识到，环境已经改变，人类已经主宰了地球，建立起了一套保障个体安全的法律机制，所以，有些痛苦，我们本没有必要忍。

当大脑中负责后天矫正并适应的海马结构没法修正先天情绪机制，并被它劫持，这就是一种情商低的表现。

| 02 |

那我们要怎么做呢？

无论是积极体验还是消极体验，我们都必须持续关注它 12 秒以上，防止消极体验抢先侵占大脑。最好的方法就是说出来，说出来不一定需要听众的理解，只是帮助你自己理解。

心理学家丹尼尔·亚蒙认为：当你有了负面情绪，如果你不把它说出来，那你就变得没法质疑它，你的心思就会被它占领，你的身体也会做出反应。

如果你有一群睿智并具备一定社会阅历的朋友，他们可以帮助你反复提醒自己，“你觉得”并不一定是“事实是”。

曾风靡韩国，在国内也获得了极高评价的韩剧《迷雾》里，女主角高惠兰被网友称为“神一般的女人”。即便已经40岁，外表、年龄、家庭也从来没有限制过她。

剧中的她是一个金牌主播，她的人生信念就是：人生半坡，更要正面突破。

当她被诬陷杀人时，警察把她传唤到警局询问。外面的记者已经蜂拥而至了，作为她辩护律师的老公告诉她，沉默权是嫌疑人最好的防卫武器，让她从小路悄悄溜走。可她不愿意，她帅气地从正门而出，面对记者炮火连天似的询问，她淡定地说，尚未确认真相，就先用煽动性的报道引导大众关注，抱着不是就拉倒的心态不负责任地报道，我们的媒体人能不能有点格调。

高惠兰的这段话就一个意思：“你觉得”并不一定是“事实是”。

也许就像她自己在《迷雾》中所说的，活到现在，这种死胡同我遇到过多次。无法前进，也无法退步的情况，我从来没有逃避过。绝对的正面突破，要么我破碎，要么你破碎，而每一次我都没有输过。

你必须学会说出来，语言是很有力的武器。

| 03 |

很多人在面对暴力时之所以忍气吞声，关键就是因为他们觉得“说了没用”。

我们在被欺负时，常常选择“忍气吞声”，是因为我们觉得对方是“不可理喻”的，实际上这是一个错误的想法，我们只是因为恐惧而不敢和对方打交道。

其实，无论对方是否会倾听你的话，你都必须和他正面交流，了解对方的想法，表明自己的立场也是反击的重要步骤。

有一款游戏，它的核心玩法就是造兵、升级、打入城堡、抢钱。

在这款游戏里，新手被大佬抢钱那是常有的事。我最终发现，能保护自己的最好方式，不一定是坚固的城墙或者 24 小时盯着手机的战战兢兢，而是强大的沟通技巧。这样的沟通技巧也是向被我欺负的新手们学来的。

有一个新手被我打，他问：“为什么要攻击我？你很需要这些资源吗？你需要这些资源加强防御来防止天天被人掠夺吗？”一时间，我居然对他心生愧疚，放弃了对他的掠夺。

还有一个外国小伙这么和我说：“请离开我的城堡，我之所以发信息给你，是因为我是一个弱者，当有一天我变强时，我会向你这样的强者发起决斗！”

我突然对这个人心生好感。

唐太宗李世民通过玄武门政变登上皇帝宝座，于是他对原太子李建成集团进行了一番大清洗。奇怪的是，他放过了太子洗马魏徵，甚至还在继位后重用了他。

大殿上，李世民怒气冲冲地问魏徵：“你为什么离间我们兄弟？“

大家都为魏徵感到恐慌。没有想到，魏徵举止自若，很坦然地回答说：“如果先太子早点听我的话，必定不会有今日下场。”

魏徵很聪明，他这句话，表达了两个态度。第一，我对这场斗争有清醒的认识，这根本就不是离间不离间的问题。第二，我对秦王殿下很钦佩，“先太子”这个词表示了臣服。

此外，你李世民今天杀我和李建成不听我劝一样，会是同一个后果。

很快李世民选择广开言路，而魏徵成了这项政策的一面旗帜。

心理学上把这样的说话技巧称为“尝试理解法”，当遭受强大的力量攻击时，可以采用这样的方法保护自己。

（1）表达理解对方的行为与动机。

（2）表达对对方力量的肯定。

（3）尝试表达自己的潜在能力，警示对方，当自己力量强大后会有严重后果。

（4）引导对方把关注点放到一个更远的目标上。

这是一个高难度对话，说出这样的话比“忍气吞声”更能保护自己。即便对方不肯放弃侵害，你最终必须全力与之对抗，也能在心中扫除渴求对方怜悯的迷茫。

| 04 |

很多网络文章总是倡导“沉默是金”，“一个人的高情商，就是要学会闭嘴”。

有个成语叫“如鲠在喉”，形容心里有话要说却没有说出来，非常难受，就像鱼刺卡在了喉咙里。

想要做到说话不伤人，并不是永远沉默就可以了。沉默会积压攻击情绪，最后爆发出来的话，往往带有极强的情绪，这才是伤人的。

沉默是有代价的。

即便很推崇沉默的王小波在《沉默的大多数》一书中也认为，在他周围，像他那种性格的人特多。在公众场合什么都不说，到了私下里却妙语连珠，换言之，对信得过的人什么都说，对信不过的人什么都不说。这样的保持沉默是怯懦的。

有些时候，开口才是金，沉默是一把捅向自己胸口的刀子。很多没说出的话，往往会变成自我攻击，十倍加在自己身上。

八月长安写过这么一段话：

他有话要说，却没有开口。

他说算了吧，以后有的是机会说。

可我什么都没有等到。

有些话没有说，那就算了吧。

有些故事还没讲完，也就算了吧。

不，你和我的故事从来都不会曲终人散，说出来吧！

要知道，人不会在沉默中爆发，只会在沉默中更沉默。

我会忘记你，但也不原谅你

| 01 |

有句话广为流传：原谅别人，就是放过自己。

又有句话说："你原谅了整个世界，结果就是伤害了自己。"

似乎大家一直都搞不清楚，原谅到底是一种自我解脱，还是一种对自己的折磨。

可以说，"原谅"这件事，不仅是一个人对自己情绪的极致控制，更是他内心强大的重要体现。

其实，困扰我们的，并不是"原谅"这件事，而是原谅背后的一些东西。

原谅，是把委屈藏在了心里。

不原谅，是把仇恨刻在了记忆中。

你需要让委屈和仇恨两种情绪在内心做一个平衡，而不是单方面消除某一方，这样才是最不伤害内心的平衡，才是真正地放过自己。

克制情绪这件事，从来都不是靠忍，而是靠对“情绪产生的深层原因”“情绪发泄的后果”“各情绪之间的相互关系”进行充分的认知后，大脑皮层做了一个平衡理性和感性的决定。

原谅这件事，靠的不是心软，不是亲情、友情、爱情的羁绊。原谅这件事靠的是智慧，靠的是对当年形势的审时度势。

| 02 |

当你对人心有了一定了解，在人情世故上有了一定智慧后，情绪没有那么难驾驭，也不存在“不能原谅”“不能忘记”等问题。

所有事情都逃不过“道”与“理”的循环，顺理成章，道法自然。

具备了伤害“被原谅的人”的能力，才谈得上原谅。

是否原谅对方，取决于原谅到底会导致对方“适可而止”还是“得寸进尺”，取决于“原谅”和“报复”，究竟哪一种策略能阻止对方的进一步侵害。

埃拉德（Ellard）（1999）基于公平理论（equity theory）认为，宽恕意味着被冒犯者放弃对冒犯者的不满和怨恨，这种“放弃”的行为使得冒犯者觉得他们对被冒犯者有更多的亏欠，从而导致他们产生对被冒犯者的内疚。

而内疚、悔恨等情绪则被认为是修复人际关系的重要因素［弗格森（Ferguson）、布鲁格曼（Brugman）、怀特（White）和艾尔（Eyre）］。在双方关系得以恢复的基础上，再次伤害的可能性自然就降低了。

朋友尹维楚分享过一个故事，一位老教授当年被自己的学生诬告，被人打断了一条腿，整个人生都被毁了。

时隔多年后，当他再次站在讲台上时，他原谅了当年批斗过他的学生，唯一没有原谅的就是当年诬告他的那个。当学生哭着跪求原谅时，老教授对他说："从今往后，我们再不相见，我不恨你，但我也不会原谅你！"

老教授这样做除了他心胸宽广之外，还有一些必然原因，那就是他意识到，哪怕离开了某些年代的特殊环境，教师这个职业也必须"佛系"一点儿。

原谅只是因为我想平静地活着，就是如此简单。

| 03 |

心理学家凯伦（Kelln）发现，很多人选择原谅，不是因为他真的认为原谅是一种好策略，而是"原谅"比"报复"要省事，心理和现实资源消耗少，也不需要勇气。

一旦一个人有这样的想法，被侵犯者侦测到，那么“得寸进尺”就成了一种必然。侵犯者认为，把你的资源掠夺得越干净，尊严打击得越彻底，你就越没有办法还击他，那他就越安全。

北大留学生写万字书信控诉父母的“罪行”，而这一切都源于父母的“过度关爱”，他不仅 12 年不回家过年，还决定“拉黑父母”。

有人说，父母生他养他，他应该原谅父母。

而心理学家伍迪亚特（Woodyatt）、亨德里克（Hedrick，2012）和温泽尔（Wenzel）发现，当你选择原谅后，对方在表达他的歉意和忏悔时，你依然不能够对受到损害的人际关系做出重新的思考。

儿子最初并不想和父母决裂，还把自己心理咨询的结果寄回家中，甚至想考心理学博士来自我治疗。可是父母不以为然，父亲还认为心理咨询师“挑拨离间”，让孩子迁怒家人。

父母不认为自己控制过度，只认为自己存在一些“方式、方法”的问题。

建议家长们看看纪伯伦关于“孩子不是你的财产”的相关表述，重新定义下家庭关系。

太轻易说出原谅的人，是因为他不懂得仇恨；太轻易选择报复的人，是因为他不珍惜自己。

亦舒说过，最佳的报复不是仇恨，而是打心底发出的冷淡，干吗花力气去恨一个不相干的人？

这样的原谅才能真正让你的敌人恼火，因为他无论怎么做都伤害不了你。

我不原谅你，但我会忘记你，这会让我有更多时间，去记得别人的好。

什么样的人
配得上你的善良？

| 01 |

近日，《法制晚报》报道了这么一件事，引起了网友的愤怒。

一辆公交车行驶进站时，乘客们一拥而上，其中有一位老人和一名戴红领巾的小学生。上车后，小学生凭借自己身体灵活挤到了老人前面，抢先占据了驾驶员身后的座位。

不料，老人见状异常气愤，对车上还有许多空座位视而不见，竟当场抓住小学生双腿，使劲往车厢过道上拖拽。

双方力气悬殊，小学生被拖离座位，身体重重摔到地上，痛苦地捂着脑袋惨叫。

公交车师傅立即停车制止老人，乘客们也纷纷劝阻老人的粗暴行为。然而，老人理直气壮，指责小学生不懂得尊重老人。

公交车司机立即报警，送医院后，小学生被确诊为脑震荡。

所谓“老吾老以及人之老，幼吾幼以及人之幼”，在中国传统文化里，老人和孩子是摆在同等重要的位置上的。

如果老人能和蔼地请求“红领巾”让座，哪怕“红领巾”不让，旁边的人也会看不下去起身让座的，那么被大家集体指责的，应该是“红领巾”。

像这样不由分说就开始对小学生进行暴打，这样的新闻只会使主动让座的人越来越少。

其实，如果你仔细听公交车广播，说的都是“请给需要帮助的乘客让座”，而不是“请给老弱病残孕让座”。一个身强力壮能殴打别人的老人，能算需要帮助的人吗？

印度国民演员阿米尔·汗在一次节目中探讨过一个问题，他说，尊敬老人，是尊敬他们的行为，而不是尊敬他们的年龄。

这种“仗势欺人”的人，不光有老人，他们遍布所有年龄阶层。他们总是一副“我弱我有理”的样子，然后抬出这样的强盗逻辑，对你进行道德绑架。

但这样的人真的是“弱者”吗？你看他们一言不合就破口大骂的情绪张合力！你看他们略有不爽就大打出手的执行力！你看他们无论多少人在一旁指责，都毫不收敛的抗压力！

这样的人丝毫不弱。“弱”不过是他们的理由罢了，他们早已经将自己的价值观“异化”了，异化为这个世间的一切行为准则和道德规范，都是为他们服务的。

比如在让座这件事上，他们是这样“双重标准”的。

我是老年人，我身体不好，你需要让座给我。为什么呢？因为你是年轻人，你身强力壮。

即便这些人是年轻人，他们照样可以这么理解。

我是年轻人，我上班很累很辛苦，我为国家创造财富，你们这些吃闲饭的人都要让座给我。

已经“异化”的人，无论他们是哪个年龄阶段、哪种身份，都理所应当地认为，其他人应该给予他们迁就和照顾。

“只谈权利，不谈责任”便是他们的显著特点。

心理学家阿尔戈（Algoe，2012）把这种现象称为响应性觉知丧失，即个体由于情绪评估机制的错误，感知不到自己在被对方理解、珍惜、关怀。

伍德（Wood）等人认为，人际感恩的产生在于受惠者对恩惠价值（value）、施助成本（cost）以及施助动机（intention）的评估，一旦这三者的评定出现问题，人际感恩就会消失。

一旦你发现周围人出现这样的情绪评估异化，那么他就不值得你为他付出善良。

| 02 |

某个在外地的同学丁丁来到昆明，她召集在昆明的同学组织了一次聚会。

我本来是不想去的，因为我晚上八点半要在网上开微课，这个是不能推掉的。而且，召集人丁丁，记忆中给我留下的印象不是特别好。

但耐不住老好人老马的一再软磨硬泡，我答应他们去吃个饭，时间说好六点钟开始，那我八点钟回去上课也来得及。

结果到了七点多，丁丁还没到，老马说她遇到堵车了。一直等到八点钟丁丁才赶到，全桌人已经饿了两个小时了。我和她打了声招呼就起身走人，谁知丁丁顿时不高兴了。

“哟，我才来你就走，是不是看不起我啊？”

“对不起，我八点半要在网上上课，上万网友等着，还请见谅！”我礼貌地回应她，老马也在一旁为我解释。

“知道你是网红了，你一个大明星连自己老同学都不照顾，大家知道了还不得笑话！”丁丁不依不饶拦住我不让走。

“我们下次再约吧，不过记得不要迟到两个小时！”我回敬她。

“我们这种干销售的经常睡不够，你知道吗？谁像你们这种人赚钱这么容易，当了网红就看不起老同学，我算是看透了！”她接着说。

听完这句话，我今后便不打算再和此人来往了，我不理她立即回去准备课程。

在她的这几句话里，出现了严重的情绪认知偏差。

我哪怕日程很满，都要抽出时间来陪他们聚个餐，她不觉得这有“恩惠价值”。现代人都很忙，有时间聚在一起实属不易。

我耐心给她解释了，假如我留下来“给她个面子”，那我会放上万网友的鸽子，这样的行为代价很大（施助成本），但她并不认同。

最令人讨厌的便是她对我来聚餐的动机进行了扭曲，似乎我的目的是“成为了大明星以后赚了大钱，就要来羞辱觉都睡不好的销售人员”。

正因为有这些信念支持，所以她“迟到两个小时”不是很重要，而我要提前走，就是大逆不道。

伍德等人发现，在情景评估实验中，人开始习得一种不良思维模式，即学会用身份的独特性，来消除自己的负罪感。

“因为我有某种身份，所以我可以不需要为某些行为负责”，这便是“我弱我有理”的心理机制，人在主观上故意压抑住大脑与生俱来的恩惠识别系统。

帕克（Park）和皮特森（Peterson）认为，幼儿 10 岁就可以清晰识别别人的意图，从而产生感激的情绪。当代人为了逃避责任，抛弃了这种与生俱来的能力，是一种心智上的倒退。

《芳华》里说，一个始终不被人善待的人，最能识得善良，也最能珍视善良。

那么，如果一个人放弃自身识别善良的能力，那只能说明，他一直在被善待，一直在被人迁就，所以他的心智一直在退化。

也许，这样的行为不仅害了你，也害了他。

| 03 |

有种人值得我们尊重一辈子，那就是永远不会异化的人。

一代枭雄曹操，对待言语冒犯者，从来都是杀无赦，包括孔子的后代汉末大儒孔融，帮他灭袁绍立下大功的发小许攸，曹操评价为“把修养活在了风骨里”的崔琰。

但他这辈子只对三个人永远保持敬意，哪怕用放纵的方式都要成全他们的名声，成全他们的完美。

这三个人就是刘备、关羽还有荀彧。

这三个人都有着他这辈子最为欣赏的大义，无论他怎么威胁，怎么收买，都无法撼动这三个人的决心。

他们三个，一个铁了心要兴复汉室，哪怕自己已经被打得半辈子都在全国逃亡。

一个铁了心要跟定自己的义兄，哪怕千里走单骑。

一个始终要维护皇帝，哪怕皇帝软弱无能，连刀都拿不起来。

他们是曹操毕生想成为却没能成为的人。

曹操心中一直有一个痛。他和袁绍、张邈原本是从小玩到大的好友，又曾是生死相托的朋友。后来袁绍和张邈闹翻，袁绍命令曹操干掉张邈，曹操屡次劝袁绍顾念旧情，而且他对张邈毫无防备。谁知张邈从背后偷袭了他，因为张邈害怕曹操最终顶不住压力而先下手为强。

曹操因为张邈的背叛差点连命都没了，一度想跑到袁绍那儿当小弟，后来曹操夺回兖州，第一件事就是杀了张邈全家。

不知道他那时记不记得，在他被董卓打得大败，十八路诸侯坐视不理时，那个挺身救他的张邈。

从此，曹操再也不能说自己一身洁白了。

对于人性，曹操是非常没有信心的，这使得他极其多疑。

但他信任关羽、信任刘备，一个封了汉寿亭侯，一个拜了豫州牧，这是曹操的许多臣子毕生达不到的地位。

在刘备、关羽、荀彧等人身上，他看到那种为弱者奋不顾身的热忱，为朋友义无反顾的坚定，为君王近乎偏执的忠诚。也正是这样的人，让曹操得以含笑而终。

我想说，我们尊重一个人，不是因为他的年龄、地位、长相、性别、名气，甚至这个人是否对我们有利。

这种人不会因为一点利益就丢掉自己的操守。不会因为威逼、胁迫就放弃自己的初心。不会因为事关生死，就舍弃一切亲情、友情、爱情，以换取自己的苟延残喘。

真正坚强的人，都有自己誓死要守护的价值观，就像种子破土的声音，细微而又坚定。只有这样的人，才配得上你来之不易的善良，才对得起你这份发自内心的觉醒。

参考文献：

Algoe，S.B.，&Stanton，A.L.（2012）. Gratitude when it is needed most: Social functions of gratitude in women with metastatic breast cancer. Emotion，12（1），163－168.

Algoe, S.B., Haidt, J., & Gable, S.L.（2008）.Beyond reciprocity: Gratitude and relationships in everyday life. Emotion, 8（3）, 425 - 429.

Emmons, R.A., & Mc Cullough, M.E.（2003）.Counting blessings versus burdens: An experimental investigation of gratitude and subjective well–being in daily life. Journal of Personality and Social Psychology, 84（2）, 377 - 389.

Park, N., & Peterson, C.（2006）. Character strengths and happiness among young children: Content analysis of parental descriptions.Journal of Happiness Studies, 7（3）, 323 - 341.

Silvia, P. J.（2005a）. Cognitive appraisals and interest in visual art: Exploring an appraisal theory of aesthetic emotions. Empirical Studies of the Arts, 23（2）, 119 - 133.

Tsang, J.A.（2006）. The effects of helper intention on gratitude and indebtedness. Motivation and Emotion, 30（3）, 198 - 204.

Wood, A.M., Maltby, J., Stewart, N., Linley, P.A., &Joseph, S.（2008）.A social–cognitive model of trait and state levels of gratitude. Emotion, 8（2）, 281 - 290.

Wood, A.M., Joseph, S., & Maltby, J.（2009）.Gratitude predicts psychological well–being above the big five facets. Personality and Individual Differences, 46（4）, 443 - 447.

微信头像会影响人的第一印象吗？

| 01 |

昨天，我爸把一份合同砸在我面前，非常生气地说："看你签的什么东西？"

作为一名网络写手，时常有平台邀请我入驻。现在平台太多，自媒体人都有点不够用了。

在大多数情况下，我都是愿意的，文章能被更多人看到，这是一件好事。

我爸用红笔标出了合同上的一条，我看了倒吸一口冷气。

合同上居然写着——我所有在该平台上发表的文章，著作权都归他们。

这种阅读量不大的平台，不出一分钱就可以把我的文章拿去出书，会不会太划算了！

我立马找到微信上联系我的平台工作人员，并对比了她发到我电子邮箱里的合同，发现并没有这一条。

当我质问她时，她说这一条什么都不影响，于是开始了推诿扯皮，没过一会儿她招架不住了，就把我删除了。

我开始检讨自己怎么会犯这样的错，要不是我爸细心帮我又看了一遍，就酿成大祸了。

面对合同，我向来都不随意的，我甚至要发给我的律师朋友看看。

然而为什么对于这份合同，我却会网开一面呢?

我不断在潜意识里搜索原因，最终我认为，是她的微信头像影响了我。

网络上这些合作，一般都是通过微信聊天完成的，我们也确实没有办法见面详谈。这样的话，两个人之间的信任就存在一个问题。

我向来对美女头像的工作人员信任度要低一点，我认为这样的人是经过了包装的，而且这类人，朋友圈里还经常什么都没有。

其次是真人头像的，这类朋友向来比较直接和坦诚。但我害怕和他们长聊，会感觉一个人老是用同一个眼神和姿势对着你，心里怪怪的。

使用风景照的，我会感觉是长辈，总有点距离感。使用猫猫狗狗，特别是卡通人物的，我就会莫名有亲切感。

而那位欺骗我的女生，头像使用的是惊讶猫的图片，我记得以前有个女生经常拿它的图片来逗我。

心理学家发现在“第一印象”中，真人头像的信任度要大于卡通头像，无头像者极少被信任（赵竞，2014）。

信任的原因也受个体因素影响，个体会把使用某个头像的人作为某种“心理替身”，会把他们过去的回忆带到与“替身”的交流中（Chang.L.J，Doll.B.B，Frank.M.J，2010）。

有些男性会偏好信任卡通等虚拟头像，研究者认为，这是由他们内心的不安全感导致的。

我就是这种人，当你见惯了人心叵测，看到人可以为了欲望做出多么荒唐的事时，也许宠物才是最不需要你提防的生物。

所以，我就这样被惊讶猫头像骗了，这件事让我不再轻易信任卡通头像，但它真正讨厌的地方在于，它毁了我一段美好的回忆。

| 02 |

知乎上有很多网友分享了他们换了头像后，大家对他们态度的改变。

很多女生本来使用的是自己的美照，于是各种学长天天来撩。后来头像换成了猪后，学长再也不来撩了，大家都觉得她是逗比，猪甚至成了她的标志。

还有人分享，有男客服换了清纯女头像后，签约率很快变高了，甚至还有客户对他表白，送花来公司，女性都把他当姐姐，时间长了他都忘记自己是个男的了。

有位小哥哥使用自己的帅照做头像，学妹们总是来加好友，后来有一天他心血来潮换了自己和妹妹的合影，不仅赞变少了，以前加的学妹评论他的朋友圈时还充满了嘲讽。

有位使用狗狗做头像的姑娘，潜水于各大群被人无视，连妈妈都着急。后来在老妈的逼迫下换了美腿照，自此微信响个不停，老妈无奈只好让她换回去。

顺便一提，男生换了二次元头像的，基本就没什么异性缘了，女生换了儿童照的也一样，不管是不是自己生的。

我有一位女性朋友是模特，在一次聚会时，她主动提出加我陌陌。

我说，没有陌陌，大家联系都用微信，为什么不加微信呢？

后来她告诉我，她的陌陌上是真人照，照片全是精心拍摄的美图，每天上千条消息，而微信头像是一束花，朋友圈里平常也只分享点心灵鸡汤，不挂照片。

“为什么？”我好奇地问。

“为了提醒我自己，只看照片的男人是多么肤浅！”她答。

我一时竟无言以对。

由此可见，微信头像是显著影响第一印象的。那些关注你换头像的人，多半都是在乎你的人，毕竟换头像，系统是不通知好友的。

| 03 |

心理学里有一个著名的名词叫“首因效应”，即在印象形成前第一次出现的刺激会影响人们对事物总体印象的形成。

显然，微信头像就是社交网络中首先出现的刺激。

美国一项对推特用户的研究表明，十八到二十三岁的网络使用者，对别人账户头像的关注会远高于账户资料。

在获取信息有限的情况下，网络个体对他人的判断主要依赖某些特定符号，个体喜欢对这些特定的符号背后的情绪进行加工，由此来推测他人的性格特征［那奎因（Naquin），鲍尔森（Paulson，2003）］。

如果你使用了搞笑图片，对方会推测你是个活跃度高的人，其实这是不利于网络社交的，因为他会担心，由于你太活跃，侵犯到他的隐私。

然而这完全是一种不必要的担心，使用搞笑图片的网友，有时只是想让自己快乐一点。

如果你使用了真人照片，但由于太艺术等，别人会推测你可能隐瞒了某些东西，最终会觉得你这个人不可信。

所以，人们单纯依靠情绪感知，缺乏其他独立证据支持，就虚构一个人的言行特征，这样的判断是不准确的。

因此，我们可能需要一个清晰表达自己特征的头像，帮助别人判断，而这个头像首先要清晰地表现自己的情绪特征。

心理学家们发现，美国 HR 已经开始通过社交媒体筛选应聘者，这样的行为最近已经引起了学术界的关注，彼得·A. 罗森·本杰明·D. 麦克 拉蒂（Peter A. Rosen Benjamin D. Mclarty）等人研究发现，顶尖企业比较乐于雇用（hireability）的人，他们的头像更多具有情绪稳定性、容易达成共识、有责任心三个特点。

比如头像中包含了眼镜，则被认为更具有“达成共识性”（agreeableness），而头像中遮挡了嘴唇则被认为“情绪不稳定”。

责任心则体现在工作之外的另一面，比如有意思的满脸笑容的照片。

| 04 |

网络头像不仅是社交的区分符号，我觉得它更重要的一个功能在于，把自己最核心的特征清晰地展现出来。

所以我选择了这个剑圣喵大师，它体现了我对自己的一种定位：柔软的决意。即有些事我一定要去做，哪怕命运总是给我带来痛苦，我也要用手上的剑斩开荆棘。

而为什么是猫，这里还有一个我的理念：决心太强的人，往往会成为电视剧里的反派，他们最后甚至会误入歧途。

把剑圣换成了猫，这样就更有亲切感，这份柔软便于让人接近你。

于是我的头像有了三个特点：决心、亲和、独特。

其实我也想过好好找摄影师拍一张照片，然后加工成帅哥，也许会有更多异性缘。

最终，我放弃了这个想法，当你有更大的目标要追求时，皮囊就不是你最能依赖的东西了。

富兰克林说过，一个人失败的最大原因，就是对于自己的能力永远不敢充分信任，甚至自己认为必将失败无疑。

头像是一个期望，它不仅用来赢得别人的信任，更用来赢得你自己的信任，因为它是你未来身份的一个关键线索。

喂，不要在朋友圈里闪耀，好吗？

| 01 |

本来我很早就想停用朋友圈了，但试了几天又放弃了！

因为，有那么几个朋友我总是牵挂着，不看他们的朋友圈连聊天的素材都没有。

有些人，即便我不主动聊天，也常在他的评论下面点个赞。有时许久不联系的朋友在我的动态下点个赞，我也感到暖暖的。

当然，朋友圈不仅有暖，还有堵。所以我总要花点时间屏蔽一些人，比如下面这位。

某君在朋友圈里发了一句话："那些朋友圈里总看不起我的朋友，我只想对你们说，去 × × 的！哥永远闪耀。"

文字后还有篇某名人写的煽动性很强的文章，也许大家看过。这可真是闪瞎了我的眼，于是我立马屏蔽了他。不知从什么时候开始，朋友圈变成了敌人圈。

这个时代真是有点可爱，朋友圈里充满钩心斗角的敌人，黑名单里却躺着刻骨铭心的爱人。

我为什么不拉黑，因为我真的期望他有一天能意识到：真正看不起他的人，是不会加他微信的！

朋友圈真不是个战斗的地方，更别指望用朋友圈去统治别人的情绪。很多人之所以会“死”在朋友圈里，就是因为对这个本来只是个简单交流的平台怀着不切实际的意淫。

其实，没多少人关注你的好吗？

| 02 |

景姑娘是我的学生，她告诉了我她的成名奋斗史。

为了减轻家里的经济负担，她四处寻找兼职。由于声音很棒，再加上长相甜美，她被一家网红制造公司相中。

开始的时候，她每天都用心直播，但观众一直是两位数，经理一直警告要开除她。

她很难过，问了一些很火的前辈，前辈教了她一些“秘诀”。

从此景姑娘变了，通过美图软件把自己修成了女神，天天在朋友圈里发自拍。使用某种技术手段伪造打赏记录和观众人数，乍一看，每天收入过万。

公司还用了一些方法，通过某种技术手段，把她和某些明星合成在一张照片上，显得她人气爆棚。生活中她也开始用一些假冒的奢侈品，反正大家也不懂。

没过多久，景姑娘从一个实在的农家姑娘，变成了虚拟的“白富美”。

景姑娘确实能自己交学费了，但代价是很大的。

景姑娘变了，在网络上的“闪耀”让她分不清自我和假我，她变得毒舌起来。不仅人变得高度以自我为中心，还一点小事就开始发脾气。

终于，她矫揉造作的语气和装可怜的样子让大家愤怒了，在几次严重的人际冲突后，她看了心理医生，心理医生的诊断让她陷入沉思。

诊断书上写着：疑似表演型人格障碍。

长达三个小时的心理咨询后，她哭着告诉我：“老师，这不是我啊！我根本不是什么月入十万的网红，我只是个没人要的穷姑娘啊！”

没过多久，景姑娘退出了网红界，但很长时间大家一直孤立她。

| 03 |

匹兹堡大学最近做了一项关于网络社交和抑郁的关系的调查，他们调查了一些知名的社交网络，平衡了年龄、性别、民族、生活状态、家庭收入等各因素后，得出的结论是“社交网络的频繁使用者抑郁的可能性是不频繁使用者的 2.7 倍”。

研究者认为，导致这个现象的原因是——很多人在网络上看到了别人优越的一面后，感到自卑，总觉得自己不如别人，最终导致抑郁。

我想研究者忽略了一点：并不是网络社交导致抑郁，而是我们本身没有朋友，情绪低落才会去朋友圈里刷存在感啊！

大城市的夜晚是灯火通明的，但是斑斓万丈的色彩下却没有你和朋友的身影，你的心里会不会有一阵刺痛？

一个人坐在烤肉店里，耳边放着流行的情歌。看到对面并没有坐着那个你日思夜想的人，你会不会有点忧伤？

能缓解这种痛苦最快、最直接的方法就是掏出手机，在朋友圈微不足道的互动中刷一点不值一提的存在感，聊以自慰。

遗憾的是，这时你却看到老王又换了新车，好姐妹的新男友又送来了蛋糕，和你同年毕业的小李居然加薪了，还得到了领导的赏识，你会怎么想？

大多数人这时并不会去嘲讽那些在朋友圈里“闪耀”的达人，而是会默默删掉自己的动态，用自己这一秒的高冷来反抗自己上一秒的矫情。

所以，不要在朋友圈里闪耀了好吗？其实我知道的，你也是含着泪在自拍，忍着痛在秀恩爱的。

你并没有朋友圈里显示得那么强大，你只是想装出强大的样子，想找到一些小伙伴而已。

可是你错了，你呼叫的小伙伴其实已经不在朋友圈了。

大家都是这个时代的孤独狗，如果不爱，就不要互相伤害了吧！

| 04 |

我身边真正的达人是从来不在朋友圈里闪耀的。

某电视台明星主持人，朋友圈分享的往往是她正在参与的一些活动，假如你留言，她会不厌其烦地为你解说，并鼓励你参加。

从没见她秀过她认识什么大牌明星！

某学术大牛，年轻有才，三十多岁就已经是教授了，曾受访参观白宫。他每天只分享一些学术领域的东西和一些国家会议动态，我加了他为好友，目的是可以节约很多精力去查资料。

从没见他秀过他有多么励志，多么努力。

某领导，朋友圈里都是一些国际动态，还有一些对热点和实事的点评，言辞犀利而认真，有幸认识他，见识增长了10岁！

从没见他炫耀过权力。

但是以上几人，看到我发一些小光辉的动态时，都会第一时间来点赞。

我达不到他们的境界，有时我也需要点鼓励。但我也从他们身上学到了一些东西，我也尝试去鼓励别人。

朋友圈里，别让不该等的人等，也别伤不该伤的心。有些人虽然已经在朋友圈里难寻踪影，但他们也在努力地经营着自己的小天地。

请记住，当他们爱你时，你才能闪耀。

我们人类只是用文明包装起来的野兽。我们会把我们的利爪藏起来，我们愿意彼此掩饰，所以我们才能够很祥和地相处。

你也许不知道，不会拒绝已经让你得罪了很多人

| 01 |

如果拒绝了一个人，不仅会引来很大的麻烦，还会背上沉重的情绪包袱，在很多人看来，这种拒绝的糟糕程度也许还不如勉强接受。

所谓情商高，是能够管理自己的情绪，能深入思考自己情绪出现的原因，从而产生多种选择，而不是跟着原始情绪走。

这样经过现实认知的情绪，才能有效指导你的人际社交，最大化地在有限的资源条件下，把形势导向有利于你的一面。

拒绝一个人，不是越早越好，也不是越坚决越好，而是让别人越舒服越好。

拒绝不需要撒谎，也不需要断然拒绝。而是要恰当运用拒绝的策略，要能推掉力所不能及的请求，还不要让对方难堪。

例如，某网友表白被拒，女孩说：“你想和一个不喜欢你的人在一起吗？”我顿时觉得女孩情商高，但男孩又接着说：“我会努力让你喜

欢上我的。”女孩又接着说：“我真希望我喜欢的那个人能像你这么认真！”男孩还是不死心：“是的，你选择我吧，那个人不像我对感情这么专一。”女孩又说：“不，我和他，当然还有你，我们都是对待感情很认真的人。”

男孩最终放弃，我觉得这个女孩最优秀的一点就在于，哪怕她再无聊再难受，也不会找这个她已经拒绝的男生倾诉。

在这个世界上，其实没有什么拒绝不掉的事，很多时候伤害别人的也不是拒绝本身，而是有些人不接受也不拒绝的暧昧态度。

也不要总把请求你帮助的人看作洪水猛兽，毕竟国民女神、国民老公们，一般是没什么兴趣来找你的。

| 02 |

条叔是一个自媒体大咖，同时也是我的好友。某天我们同时接到一个综艺节目的邀请，让我们担任节目嘉宾。于是我和条叔都填写了报名表，还录制了参赛视频。结果，我俩都被这个节目拒绝了。节目组选择了另外一位自媒体同行。

节目组负责和我联络的编导给我的答复是：“喵大师，我尽力跟领导推荐了，但是领导喜欢那种能吹拉弹唱的，我相信你临场表现肯定好，但你录的视频太正了，一看就是传统的老师讲课！”

我虽然在精神上受到一定打击，但痛定思痛，还是觉得编导说的有一定道理。我决定以后再有这类邀请，就模仿一个亚瑟或者宫本武藏之类的角色再去，毕竟我短期内学个乐器是来不及了，干脆靠夸张的衣服来表现吧，本身“剑圣”也是个游戏名词，符合我的角色定位。

但条叔和我的反应就不同了，条叔对这件事无比愤怒，他认为节目组请的那个人的粉丝没他十分之一多，估计导演眼瞎了。

我就奇怪了，我经常看条叔的文章，他的三观和我应该相差不大，而且也很理性，但在被节目组拒绝一事上，态度和我相比反差为什么会这么大?

联系他的是另外一个编导，我看了下编导拒绝他的话语，觉得问题就出在里面。

“条叔，不好意思，回复您晚了。我们节目组觉得，这个节目不能很好地把您的特色展示出来，我们希望下一次能有更好的节目同您进行合作。”

确实，这位编导虽然语言上看起来很客气，语气也妥当，但这是赤裸裸地欺负条叔的智商。

首先，这种言辞不真诚，你我都知道“不能展示特色”只是一个托词，那你倒是告诉我，你选择的那个人特色在哪里？至少在条叔心中，那个人的粉丝没他多，所以不如他强。

其次，“下一次和您合作”就像“改天请你吃饭”一样，请问下一次是猴年马月?

类似我和条叔这种常年写文章，对信息比较敏感的人，第一个编导的拒绝方式就远比第二个编导来得舒服，我们能从后者身上感受到更多的拒绝，至少前者在感情上似乎和我们是亲近的。

用心理学来解释，第一个编导使用的是“明确拒绝”，他说清了拒绝你的关键原因；第二个编导使用的是“模糊拒绝”，这样做会因为顾虑对方面子，而把关键原因省略。

唐尼（Downey）和费尔德曼（Feldman）提出过拒绝敏感的社会认知模型，所谓拒绝敏感指的是个体能准确地预期他人行为中的拒绝，以及对拒绝过度反应的一种倾向。

不得不说，不知是家庭教育还是学校教育的原因，当代青年在拒绝这个问题上普遍都很敏感，因为被拒绝，恼羞成怒甚至出手伤人的事件很多。

但仔细分析这类事件，我们能发现一个共同的特点，就是凶手并不认为受害者“明确”拒绝了他，网络上有很多声音也认为受害者在吊着凶手。

心理学家吉贝克（Gembeck MJ），内斯代尔（Nesdale D）等在*Journal of Adolescence*（《青春期杂志》）发表的一篇论文中，有如下结论：对拒绝敏感度高的人，如果接收到明确拒绝，他会倾向于认为自己不行；如果接受的是模糊拒绝，那他则倾向于认为拒绝他的人在蓄意伤害他，内心深处会产生攻击对方的意愿。国内学者刘燊、赵艳林也发现，拒绝敏感在大学生认知评价和情绪调节中起着重要作用。

所以，对拒绝敏感度高的人，请一定不要使用模糊拒绝，要使用明确拒绝。虽然大部分人认为模糊拒绝显得更礼貌，但这会让别人觉得你正在戏弄他，甚至是故意的。

对拒绝敏感度高的人有如下特点，自尊水平高、依恋程度高，最典型的是，他们在人际交往中，容易形成“自验预言”，他们会这么想：“她应该是不喜欢我了，你看我发给她的消息，半个小时都不回，一定是把我当备胎了，我要好好问问她，看看我们的关系出了什么问题。果然，她说她不想讨论这个问题，被我说中了吧！哈哈，看我多机智……我为什么这么难过？天啊，你说她为什么要抛弃我？”

如果在恋爱中被对方感知到有这种思维，你的感情基本宣告结束了，相信我。

| 03 |

此外拒绝别人还有两个小方法。

（1）限制条件法。

朋友和我聊天时告诉我，他发现日本人很喜欢用一种拒绝方式，那就是先接受，正当你高兴时，他提出限制条件，继而拒绝。

朋友邀请日本朋友去居酒屋，日本朋友高兴地说：“太好了，我早就想念那里的清酒和寿司了，那可真是人生的享受啊。”

但他立即又说：“要不是我今晚必须去打工，我一定跟你去了，改天我清闲时再邀请我吧！”

当然，朋友之后又邀请，却发现这个日本朋友总是“不清闲”。不知道为何，我这个朋友却不会感觉生气，似乎很多身边人都习惯这样拒绝别人。

限制条件法的流程是：反馈对方的内容（表示自己认真倾听了对方的意见）→要不是因为某个条件不满足，自己可能会接受（用一种接受的方式，侧面告诉别人自己拒绝的原因）→但那个条件很难凑齐，或者即便满足了那个条件，也已经事过境迁了（避免对方追问，断了别人的念想）。

在一次演讲中，我无意透露出认识某位明星，而且有他的联系方式，结果一群花痴女找我要这位明星的微信。

我对一个女生说："看得出你对他是真爱，等我下次见到他时，我问问他能不能给你。不过这两年我就见过他一次，还只说了十分钟的话，估计没这个时间！"

当然，如果女生不死心还是继续要求，可以再增加限制条件。

"他的联系方式一般只给影视公司或者媒体相关人员，要不你毕业后开个电影公司，我们请他出演，怎么样？"

我知道你肯定要问，对方还是不死心该怎么办呢?

这种情况，就不属于社交范畴了，那是对方需要你强制服从。如果不是什么重要的关系，得罪就得罪了，都是第一次做人，我不觉得你比我高级。当然，你是我的领导就没办法了。

（2）幽默掩护法。

我校有个老教师想介绍对象给我，我是这么答复他的："谢谢 × 老师，问题是我现在没有精力脱单啊，现在是"00 后"在忙着脱单，"90 后"多半都在脱贫，我连贫都没脱掉，脱发倒是很严重，自己都养不活就不要拖累别人了吧！”

幽默掩护法的关键在于使用幽默的语言或者段子，把话题延伸到其他地方。这一招主要适用于对方可能是随便一问，或者是出于善意想卷入你的生活。

上面提到的女生要明星微信，也可以这么使用幽默掩护法：“喵老师好伤心，难道喵老师没有他帅吗？至少大家都公认，我的云南话说得比他好。别说了，就让我一个人默默地伤心流泪去吧！”

如果对方坚持，你就再次绕开：“对不起，你呼叫的用户已经伤心而亡，请你关心他后再拨。”

还是那句话，人际关系中有一半的问题和麻烦来自：请求别人请求得过多；考虑别人考虑得太少；答应别人答应得太早；而拒绝别人又拒绝得太晚。